JN093652

アソシエイト試験

ポケットスタディ

AWS認定 SysOps アドミニストレーター アソシエイト

Study Guide for
SysOps Administorator Associate

SOA

トレノケート株式会社
海老原寛之 著

秀和システム

はじめに

本書を手に取っていただきありがとうございます。

本書は「AWS認定 SysOps アドミニストレーター - アソシエイト（以下、SOA）」の資格対策本です。

資格対策のために知識を増やすことと、現場での課題解決のきっかけとなることを目標としています。

本書を読み進めるにあたり、対象となる方は基礎認定である「AWS認定クラウドプラクティショナー（以下CP）」認定資格をお持ちの方、または認定資格相当以上の知識をお持ちの方が対象となります。

私は、AWS認定インストラクターとしてAWS認定コースを担当しており、受講される方々から、次のようなご相談が寄せられます。

「開発チーム（または、運用をお願いされるお客様）から運用チームに引き渡される環境は、AWSでのベストプラクティスな構成になっていないのが実態です。レガシーな設計のシステムの運用を助けるツールはありますか？」

「手順書ベースで運用をしてきたので、独学で学ぶのに苦労しています」

「『CP』認定を持っているのですが、当時は丸暗記で取得したため、アソシエイトレベルの試験で出てくる長文読解の問題が理解できません」

「プロジェクト（または、人事評価目標）の関係上、『SOA』を取得しなければいけないのですが、どこから手をつけたらよいのでしょうか？」

本書では、これらの悩みを抱えている方に、特に重要で理解しておいてほしい内容や、どこから学ぶと学習が進むのか、などを中心にして要点を絞って解説しています。

2022年12月　海老原 寛之

Contents

ポケットスタディ AWS認定SysOps アドミニストレーター アソシエイト

SECTION 3　信頼性とビジネス継続性

SECTION 4　デプロイ、プロビジョニング、およびオートメーション

SECTION 5　セキュリティとコンプライアンス

SECTION 6　ネットワークとコンテンツ配信

SECTION 7　コストおよびパフォーマンスの最適化

SECTION 8　本番想定問題集

SECTION 1

AWS認定SysOps アドミニストレーター アソシエイト

このセクションでは、AWS認定SysOpsアドミニストレーターアソシエイトの試験ガイドの解説と試験のサンプル問題から読み解く出題傾向の解説をします。

1　試験ガイドの解説

　公式の試験ガイドを中心にAWS認定SysOpsアドミニストレーターアソシエイト試験（SOA-C02）の概要を解説します。

▶AWS認定試験

　AWSでは、資格体系としてAWSエンジニアのキャリアパスを提示しています。体系的に学習することで、それぞれのキャリアに必要な知識とスキルが習得できるように設計されており、効率的に成長することができます。

　AWS認定資格には、役割別認定資格と専門知識認定資格の2つのタイプがあります。

　AWS認定資格試験は3年ごとに更新する必要があります。3年ごとに再度認定資格試験を合格して更新するか、役割別資格の場合は上位資格を取得することで更新が可能です。

FOUNDATIONAL

AWS クラウドの基礎的な理解を目的とした知識ベースの認定です。
事前の経験は必要ありません。

プロフェッショナル

AWS 上で安全かつ最適化された最新のアプリケーションを設計し、プロセスを自動化するために必要な高度なスキルと知識を証明するロールベースの認定です。**2 年以上の AWS クラウドの経験があることが望ましいです。**

ASSOCIATE

AWS の知識とスキルを証明し、AWS クラウドのプロフェッショナルとしての信頼性を構築するロールベースの認定です。**クラウドおよび/または豊富なオンプレミスでの IT 経験があることが望ましいです。**

SPECIALTY

より深く掘り下げ、これらの戦略的領域において、ステークホルダーおよび/または顧客に信頼されるアドバイザーとしての地位を確立してください。**5 年以上の AWS クラウドの経験があることが望ましいです。**

まず、基礎となるクラウドプラクティショナーは、AWSの基礎的な知識が問われる認定資格です。
6か月間の基礎的なAWSクラウドと業界知識が受験目安で定められております。
この認定資格を取得している方は、AWSクラウドの知識と、基本的なスキルを身につけ全体的な理解を効率的に説明できることが証明されます。
ほかのAWS認定資格（AWS認定ソリューションアーキテクト - アソシエイト、AWS認定SysOpsアドミニストレーター - アソシエイト、AWS認定デベロッパー - アソシエイト）で扱われる特定の技術的役割からは独立しています。

AWSパートナーネットワーク（APN）のAWS サービスパートナーティアにおける基礎認定技術者数の要件ともなっております。
開発、運用、設計に携わる方々だけでなく、営業、人事、経理、経営など、組織においてAWSに関わる様々な役割向けの認定試験です。AWSのメリット、サービスごとの基礎知識、コストの知識やサポートについても幅広く問わます。

次に本書が対象としているアソシエイトレベルです。アソシエイトレベルから役割に応じて、設計、開発、運用に分かれます。AWSクラウドの実務経験１年以上の方が対象です。ソリューションアーキテクトでは課題や様々な要件に応じてAWSを利用しソリューション（解決策）を設計、提案できることなどが問われる認定試験です。SysOpsアドミニストレーターの詳細は後述しますが、デプロイ、管理、運用についてベストプラクティスに基づき、コストの最適化、セキュリティ要件に基づくことができるかなどを問われる認定試験です。デベロッパーアソシエイトはAWSにおける開発、デプロイ、デバッグについて最適な選択ができるかが問われる認定試験です。

プロフェッショナルレベルは、実務経験２年以上の方が対象です。シンプルな課題要件だけではなく、アソシエイトレベルではあまり問われないような、制約に基づいたトレードオフをしなければならない長文問題が頻出します。実際の現場で発生しそうな課題について、AWSを使用する中での最適な判断力が問われます。開発と運用はDevOpsエンジニアプロフェッショナルとしてひとつの認定資格試験になります。

専門知識の試験は現在６つ用意されていて、それぞれの専門分野においての標準知識と、その専門分野をAWS上で実現するための知識が問われます。必ずしも難易度がプロフェッショナルレベルやそれ以上というものではありませんが、AWSの知識だけではなく該当分野についての専門意識ももちろん必要です。

▶AWS認定SysOpsアドミニストレーターアソシエイト

AWS認定SysOpsアドミニストレーターアソシエイトは、AWSでのデプロイや管理、ネットワーク、セキュリティに関して1年以上の経験が必要、と認定試験ガイドには書かれておりますが、本書ではこれからAWSを活用したワークロード（システム）の運用に携わる運用エンジニアの方々にも理解していただくことを考慮して解説をします。

この節では、試験ガイドをもとに、評価する能力、推奨知識、試験内容を解説します。AWS認定SysOpsアドミニストレーターアソシエイト試験の受験には前提条件は無いので、ほかの認定試験に合格していなくても受験することが可能です。ただし、AWS認定SysOpsアドミニストレーターアソシエイト試験はAWS上においてのシステム運用に関する内容が幅広く問われますので、基礎となるクラウドプラクティショナー試験の内容を先に学んでおきますと、本認定試験合格の近道となるでしょう。

▶評価する能力

・AWS Well-Architected Frameworkに基づいたAWSワークロードをサポートおよび保守する
・AWSマネジメントコンソールとAWS CLIを使用してオペレーションを実行する
・コンプライアンス要件を満たすセキュリティコントロールを実装する

・システムのモニタリング、ロギング、およびトラブルシューティングを行う
・ネットワークの概念（例：DNSやTCP/IP、ファイアウォールなど）を適用する
・アーキテクチャの要件（例：高可用性やパフォーマンス、キャパシティーなど）を実装する
・ビジネス継続性と災害対策の手順を実行する
・インシデントを特定、分類、および修復する

▶推奨される知識

■推奨される全般的なITの知識

受験対象者は、以下を理解している必要があります。

・オペレーションの役割を担うシステムアドミニストレーターとしての1～2年の経験
・モニタリング、ロギング、およびトラブルシューティングの経験
・ネットワークの概念（例：DNSやTCP/IP、HTTP、ファイアウォールなど）に関する知識
・アーキテクチャの要件を実装する能力（例：高可用性やパフォーマンス、キャパシティーなど）

■推奨されるAWSの知識

・AWSテクノロジーの実践経験が1年以上
・AWSでのワークロードのデプロイ、管理、および運用に関する経験
・AWSWell-Architected Frameworkに関する理解
・AWSマネジメントコンソールとAWS CLIの実践経験
・AWSネットワークとセキュリティサービスに関する理解
・セキュリティコントロールとコンプライアンス要件の実装に関する実践経験

■試験分野

本書では、試験ガイドの「試験内容」に記載されている試験分野に沿って、AWSのサービス、機能、運用、ベストプラクティスについて解説します。

試験分野は以下のとおりです。

分野	出題の比率
第1分野：モニタリング、ロギング、および修復	20%
第2分野：信頼性とビジネス継続性	16%
第3分野：デプロイ、プロビジョニング、およびオートメーション	18%
第4分野：セキュリティとコンプライアンス	16%
第5分野：ネットワークとコンテンツ配信	18%
第6分野：コストとパフォーマンスの最適化	12%
合計	100%

新しいAWS認定SysOpsアドミニストレーター - アソシエイト試験は2つのセクションに分かれており、試験時間は両分野合わせて合計180分です。第1セクションには多肢選択法と複数回答の問題が含まれ、第2セクションには試験用ラボが含まれます。

第1セクションを終えた後、第2セクションに移る前に、自分の回答を確認することができます。第2セクションの試験用ラボを開始すると、第1セクションに戻って答えを見直したり、変更したりすることはできません。

試験を受けるときは、時間配分を計画してください。試験の開始時に、第2セクションで試験用ラボを何回行う必要があるかが提示されます。ラボに取り組む時間が足りなくならないように、各試験用ラボの完了には20分程度の時間を確保することをお勧めします。つまり、試験用ラボが3つある場合は、多肢選択法と複数回答の問題の第1セクションを完了した残りの試験時間が60分になるようにしましょう。なお、試験用ラボを完了して次の試験用ラボに進んだ後、完了した試験用ラボに戻って、行った内容を変更することはできません。

▶ラボ試験

すべてのAWS認定試験と同様に、試験中はAWSのドキュメントやそのほかのオンラインリソースにアクセスすることはできません。サポートがない状態で説明されているタスクを完了させることで、自分の知識と能力を証明する必要があります。

試験用ラボを開始すると、画面右側のペインに試験用ラボの手順が表示され、画面の左側にWindows仮想マシン（VM）が表示されます。VM内では、ウェブブラウザウィンドウにAWSマネジメントコンソールが表示されます。なお、デスクトップにアクセスしてAWS CLIを使用したい場合は、ブラウザウィンドウのサイズを変更したり、最小化したりすることができます。

まず、試験用ラボのすべての手順をよくお読みください。これには、手順の冒頭にあるシナリオやステートメントも含まれます。最初にすべての手順を読んでから、個々のタスクに戻って作業を始めることをお勧めします。

試験用ラボの手順の中で、ある処理が完了するまで待つ必要がないと書かれている場合は、次の作業に移ってください。そうしないと、貴重な試験時間を使ってしまうことになります。

指示画面の上部にあるスライダーで文字を大きくしたり小さくしたりすることができます。

コピー可能なテキストを左クリックすると、"Copied to Clipboard!"というポップアップが表示されます。Ctrl+V（Windows）またはCommand+V（Mac）を使って、このテキストをコンソールに貼り付けることができます。これは、特定のリソース名やパラメータ値を使用する必要がある場合に便利です。試験用ラボでは、右クリックはできません。

テキストボックスに値を入力する必要があるタスクの場合、コンソールからテキストをハイライトしてコピーし、Ctrl＋V（Windows）またはCommand＋V（Mac）を使用してテキストボックスにテキストを貼り付けることができます。

■オンライン試験監督サービスでのクライアント端末について

オンライン試験監督サービスを利用して試験を受ける際、ノートPCを利用する場合も、条件付きで外付けモニタ（1台）を利用できます。条件はノートPCの画面を閉じてデュアルディスプレイの状態にならないことです。画面が小さいと、試験中にスクロールが必要になることがあります。また、PCの画面解像度を1280ピクセル×1024ピクセル（またはそれ以上）、Macの解像度を1440ピクセル×900ピクセル（またはそれ以上）に設定してください。どのシステムでも、スケーリングを100%に設定してください。これにより、最適な試験環境が得られます。

オンライン試験を受ける場合は、受験するPCまたはMacに「オンライン試験システムアプリケーション」をインストールする必要があります。会社貸与の業務PCで受験を試みた方で、セキュリティソフトの影響により試験が受けれないケースや、ラボ試験環境に繋がらないといったケースもありますので、自己所有のPCやMACを利用することをおすすめします。

また、試験直前になってから「オンライン試験システムアプリケーション」をインストールといったことを避け、試験1週間前には実際に試験を受ける予定のネットワークに接続して「オンライン試験システムアプリケーション」の「システムテストの実行」から受験環境の確認を行っておきましょう。

■ラボ試験の実技試験対策について

AWS無料利用枠：AWS無料利用枠を使用して、AWS環境の構築を実際に体験できます。複数のユースケースについて簡単にフォローできるチュートリアルで学習しましょう。

AWS Skill Builderセルフペースラボ：AWS無料利用枠をを利用する以外にサブスクリプション方式にて演習環境を利用するサービスが2022年に開始されました。

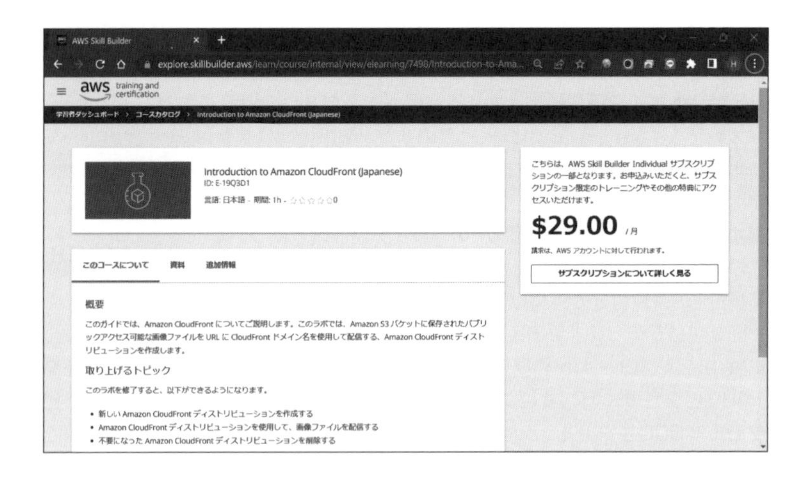

ライブサンドボックス環境でAWSクラウドスキルを練習することが可能です。セルフペースのガイド付きラボは、ステップバイステップの手順を見ながら、AWS環境を使って実際にあるクラウドのシナリオを操作して直接体験することができます。

現在100を超えるラボが登録されております。現在サービスが始まったばかりのため日本語版対応されていないものもありますが、これから日本語コンテンツやラボが充実していくことでしょう。

▼ AWS Builder Labs
https://aws.amazon.com/jp/training/digital/aws-builder-labs/

AWS認定トレーニングSystems Operations on AWS：AWS社の厳格なテクニカルスキルおよびティーチングスキルチェックに合格した認定トレーナーがコースを実施します。AWS認定トレーニングは、「講師に質問できる」「効率よく学べる」ことが最大の特徴です。こちらのコースでは、ネットワークやシステムに関する自動化や繰り返しが可能なデプロイをAWSプラットフォームで作成する方法を学習します。設定やデプロイに関係するAWSの機能やツールについて、また、システムの設定とデプロイのベストプラクティスについて詳しく学習します。また、コース内にてAWS CLIを用いたAWSリソースの操作も演習にて修得します。2020年より対面トレーニングだけでなく、オンライン学習環境を利用した双方向トレーニングも実施しています。

Exam Readiness AWS Certified SysOps Administrator - Associate：AWSのエキスパートが開発した試験準備のデジタルトレーニングです。この新しい2時間の無料デジタルコースを受講して、試験問題の解釈、不正確な回答の排除、学習時間の配分などを学ぶことができます。

試験ガイドとサンプル問題：試験ガイドで試験内容の概要を確認し、サンプル試験問題をチェックしてください。

▶無料の公式模擬試験

これまでは、公式の模擬試験は有償にて提供されておりましたが、AWS Skill Builderにて無料での提供が開始されました。

現在、公式模擬試験として提供されているAWS Certified SysOps Administrator - Associate Official Practice Question Set (SOA-C02 - Japanese) の問題数は20問です。

AWS Certification Official Practice Question Setsには、AWSが開発した問題が掲載され、実際の認定試験の形式がとられています。

それぞれの問題ごとに、回答に対する正誤だけでなく、それぞれの選択肢が何故間違っているかといった解説や、選択肢に出てきたサービスや機能に関するドキュメントへのリンクも提供されます。

本番試験前に公式模擬試験にて確認しておくと、合格への可能性がより高くなるかと思われます。

▼AWS Certified SysOps Administrator - Associate公式練習問題集

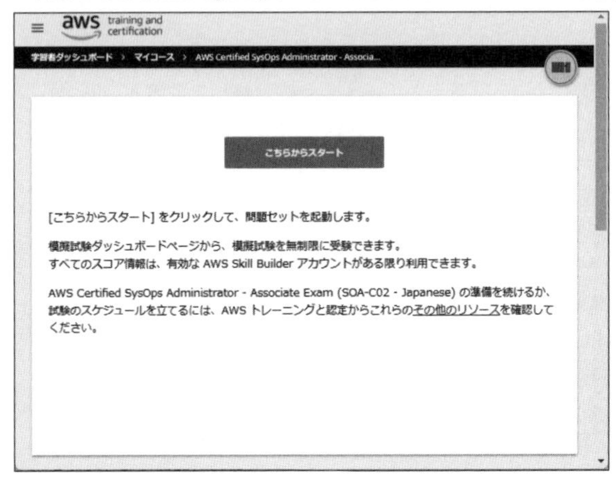

2　試験サンプル問題からの傾向と対策

それでは、実際にAWSが公開している試験サンプル問題とその解説をします。

▼SOA-C02試験問題サンプルのURL
https://d1.awsstatic.com/ja_JP/training-and-certification/docs-sysops-associate/AWS-Certified-SysOps-Administrator-Associate_Sample-Questions.pdf

▶試験問題サンプルの解説

■Q1

ある企業が、Amazon EC2インスタンス上でWebアプリケーションをホストしています。ユーザーから、Webアプリケーションがときどき無応答状態になるという報告を受けました。Amazon CloudWatchメトリクスを調べたところ、無応答時のCPU使用率が100%になっていました。SysOpsアドミニストレーターは、この問題を監視するためのソリューションを実装する必要があります。この要件を満たすには、どうすればよいですか。

A. EC2インスタンスに対するAWS CloudTrailイベントを監視するためのCloudWatchアラームを作成する。

B. EC2インスタンスのCPU使用率に対するCloudWatchメトリクスを監視するためのCloudWatchアラームを作成する。

C. EC2インスタンスのCPU使用率に対するCloudWatchメトリクスを監視するためのAmazon Simple Notification Service（Amazon SNS）トピックを作成する。

D. Amazon Inspectorを使用してCPU使用率の異常値を検出することにより、EC2インスタンス上に反復的評価検査を作成する。

■Q1の解説

問題文から、Amazon EC2インスタンス上で稼働しているWebアプリケーションが無応答時になり、その際CPU使用率が100%になっていたことがわかります。この状態を監視し、問題を検出できるAWSのサービスは、Amazon CloudWatchです。CloudWatchを使用することでワークロードの性能値（メトリクスデータ）を得ることができるとともに、しきい値を設定して問題が発生していないかといった監視が行えるようになります。

EC2インスタンスは標準機能としてCloudWatchに対してCPU使用率のメトリクスデータであるCPUUtilizationを送信します。

このCPUUtilizationを監視するためにCloudWatchアラームを用いてしきい値を設定します。たとえば、5分間、CPUUtilizationの平均値が75%を上回った場合に、指定したメールアドレスへ通知を行うといったことが可能です。

■Q1から読み解く傾向

この問題ではAWSの監視サービスから、通知を行う手段について知っているか、運用エンジニアの負担にならずによりシンプルに解決できる手段が問われています。

他の問題にもいえますが、問題文をよく読んで何を求められているのかを判断し、最適な答えを選択します。

そのために、AWSの提供する運用や監視のサービスの名前や概要、どういった特徴があるのかを抑える必要があります。

正解：B

■Q2

ある企業が、アプリケーションに対してAmazon ElastiCache for Memcachedを使用して、クエリ応答をキャッシュすることにより、応答速度を向上させています。ところが、アプリケーションのユーザーから応答速度が遅いという報告を受けました。SysOpsアドミニストレーターは、Memcachedのエビクション数に対するAmazon CloudWatchメトリクスの値が大きいことに気付きました。

この問題を解決するには、どうすればよいですか（2つ選択してください）。

A. ElastiCache for Memcachedの内容をフラッシュする。

B. ConnectionOverheadパラメータの値を大きくする。

C. クラスター内のノード数を増やす。

D. クラスター内のノードのサイズを大きくする。

E. クラスター内のノード数を減らす。

■Q2の解説

Amazon ElastiCache for Memcachedのエビクションとは、有効期限が切れる前に新規データ用のスペースを確保するために削除されたデータのことです。このエビクションが発生しているということは、クラスターに格納できるデータ量の限界に到達しているので、スケールアップを行いメモリ容量の大きなノードを使用するか、スケールアウトを行ってクラスターにノードを追加する必要があります。

■Q2から読み解く傾向

Amazon ElastiCacheを運用していると、この問題のようにエビクションが起きることがあるため、Amazon CloudWatchメトリクスやアラームで気づけるようにします。エビクションに限らず、運用監視に有用なメトリクスの把握と、緩和策について知っておくことで、類似問題の正答につなげることができます。

正解：C, D

■Q3

ある企業において、AWS Lambda関数がこの企業のアカウントのVPC内のリソースにアクセスできるようにする必要があります。また、このLambda関数は、インターネット経由でのみアクセス可能なサードパーティ製APIにアクセスする必要があります。

これらの要件を満たすには、どうすればよいですか。

A. Elastic IPアドレスをLambda関数にアタッチする。VPCのインターネットゲートウェイへのルートを構成する。

B. Lambda関数を、VPCの仮想プライベートゲートウェイへのルートを持つプライベートサブネットに接続する。

C. Lambda関数を、VPCのインターネットゲートウェイへのルートを持つパブリックサブネットに接続する。

D. Lambda関数を、VPCのパブリックサブネット内のNATゲートウェイへのルートを持つプライベートサブネットに接続する。

■Q3の解説

AWS Lambda関数をVPC内のリソースにアクセスできるように設定することで、VPCのプライベートサブネットに接続されます。この問題では、Lambda関数がインターネット経由でのみアクセス可能なサードパーティ製APIにアクセスする必要があると記載されているので、プライベートサブネットからインターネットにアクセスする方法が必要です。つまり、NATやプロキシを用いることになります。

■Q3から読み解く傾向

AWS LambdaでVPC内のリソースにアクセスする際の構成の把握と、そもそものVPCを用いた通信経路についての理解が求められる問題です。

VPCやサブネット周りの理解については基本的な範疇ではありますが、LambdaをVPC内リソースへアクセス可能な設定にした際は、どのような構成になり、どんなアクセス経路になるのかを知っておく必要があります。

正解：D

■Q4

ある企業が、Amazon EC2インスタンスの大規模フリート上で、財務トランザクションを処理するアプリケーションを実行しています。また、Amazon

Elastic File System（Amazon EFS）を使用して、EC2インスタンス間でデータを共有しています。

この企業は、アプリケーションを別のアベイラビリティーゾーンに展開したいと考えています。この別のアベイラビリティーゾーン内には既に、新規サブネットおよびマウントターゲットを作成しています。ところが、SysOpsアドミニストレーターがこの新規サブネット内で新しいEC2インスタンスを起動したとき、EC2インスタンスによってファイルシステムがマウントされません。

この問題の原因は何ですか。

A. EFSマウントターゲットがプライベートサブネット内に作成されている。

B. EC2インスタンスに関連付けられているIAMロールにおいて、efs：MountFileSystemアクションが許可されていない。

C. この別のアベイラビリティーゾーン内のAmazon EFS用VPCエンドポイントにトラフィックをルーティングするよう、ルーティングテーブルが構成されていない。

D. マウントターゲットに対するセキュリティグループにおいて、EC2インスタンスによって使用されているセキュリティグループからの受信NFS接続が許可されていない。

■Q4の解説

まず、アプリケーションを別のアベイラビリティーゾーンに展開するとあるので、新しく起動したEC2インスタンスのIAMロールやセキュリティグループ、ユーザーデータ、OS上の構成といった各種設定は、既存のEC2インスタンスと同じであるもしくは、同等の内容で設定済みであると想定します。

また、IAM認証を用いたマウントは行う際には**elasticfilesystem：ClientMount**アクションで読み取り専用アクセスを許可します。**efs：MountFileSystems**というアクションではありません。

つぎに、新規サブネットやマウントターゲットを作成済みとあります。マウントターゲットにはセキュリティグループも必要で、インバウンドルールとしてEC2インスタンスからのNFS接続を許可する必要があります。

■Q4から読み解く傾向

既存の環境にリソース（EC2インスタンス）の追加をしたが期待した通りの動作にならない理由を聞かれている問題です。新規に構築したリソースに対して、明示的に設定済みの内容と暗黙的に設定されているであろう内容を組み合わせて、設定の漏れや誤りの箇所を判断します。合わせて、ルーティングテーブルやセキュリティグループといった、通信経路上で必要な設定についても判断材料として用います。

正解：D

■Q5

ある企業が、AWS Organizationsを使用して多数のAWSアカウントを作成および管理しています。この企業は、各アカウントに新規IAMロールを展開したいと考えています。

組織の各アカウントに新しいロールをデプロイするために、SysOpsアドミニストレーターが実行すべきアクションについて教えてください。

A. 新規IAMロールを各アカウントに追加するためのサービスコントロールポリシー（SCP）を組織内に作成する。

B. AWS CloudFormation変更セットと、新規IAMロールを作成するためのテンプレートを組織に展開する。

C. AWS CloudFormation StackSetsを使用して、新規IAMロールを作成するためのテンプレートを各アカウントに展開する。

D. AWS Configを使用して、新規IAMロールを各アカウントに追加するための組織ルールを作成する。

■Q5の解説

AWS Organizationsで管理している各AWSアカウントに対してIAMロールを展開（作成）するにはどうしたらよいかという問題です。

こういったケースで使えるサービスは、CloudFormation StackSetsです。CloudFormation StackSetsを使用することで、組織や指定したOrganizational Unit（OU）の配下にある複数のAWSアカウントに対してテンプレートを展開できます。

■Q5から読み解く傾向

各アカウントに展開したいという記述から、べき等性や再利用性を得られるIaC（Infra as a Code）のサービスのAWS CloudFormationが関係していると気づけるかが鍵で、AWS Organizationsを使用しているという記述を元に、正しい選択肢がどれかという判断につなげます。

正解：C

■Q6

ある企業が、Amazon EC2インスタンス上で数個の本番用ワークロードを実行しています。SysOpsアドミニストレーターが、ある本番用EC2インスタンスがシステムヘルスチェックで不合格になったことに気付きました。そのため、そのインスタンスを手動で復旧しました。

SysOpsアドミニストレーターは、EC2インスタンスの復旧タスクを自動化したいと考えています。また、システムヘルスチェックで不合格になった場合には常に通知を受信したいと考えています。すべての本番用EC2インスタンスに対して、詳細モニタリングが有効化されています。

最も運用効率の高い方法でこれらの要件を満たすには、どうすればよいですか。

A. 各本番用 EC2インスタンスに対して、Status Check Failed：Systemに対するAmazon CloudWatchアラームを作成する。EC2インスタンスを復旧するよう、アラームアクションを設定する。Amazon SimpleNotificationService（Amazon SNS）トピックにパブリッシュされるよう、アラーム通知を構成する。

B. 各本番用EC2インスタンス上で、ハートビート通知を中央監視サーバーに1分ごとに送信することによってシステムの健全性を監視するスクリプトを作成する。EC2インスタンスからハートビートが送信されなくなった場合には、

EC2インスタンスをいったん停止して再開始し、通知をAmazon SimpleNotification Service（Amazon SNS）トピックにパブリッシュするスクリプトを監視サーバー上で実行する。

C. 各本番用EC2インスタンス上で、cronジョブを使用して高可用性エンドポイントにpingコマンドを送信するスクリプトを作成する。ネットワーク応答タイムアウトが検出された場合、EC2インスタンスを再起動するコマンドを呼び出す。

D. 各本番用EC2インスタンス上で、ログを収集してAmazon CloudWatch Logs内のロググループに送信するよう、Amazon CloudWatchエージェントを構成する。エラーを追跡するメトリクスフィルタに基づくCloudWatchアラームを作成する。EC2インスタンスを再起動してメール通知を送信するAWS Lambda関数を呼び出すよう、アラームを構成する。

■Q6の解説

EC2インスタンスがシステムヘルスチェックで不合格になった場合に、そのことを検知して自動的に復旧並びに通知をするにはどうしたらよいかという問題です。

システムヘルスチェックの発生はAmazon CloudWatchの「StatusCheck Failed_System」メトリクスの値で判断できます。つまり、Amazon CloudWatchアラームでしきい値を設定し、しきい値を超過した際に、EC2インスタンスを復旧するために再起動を行うアラームアクションを設定したり、Amazon Simple Notification Service（Amazon SNS）で通知を行うように設定したりすればよいのです。

■Q6から読み解く傾向

どの選択肢も自動復旧や通知といった「やりたいこと」自体は達成できるものになっています。問題文にある「最も運用効率の高い方法でこれらの要件を満たすには、どうすればよいですか」という制約事項に基づいて、判断していきます。スクリプトやLambda関数を作成するとそのコードなどの保守や運用が必要になります。監視サーバーを起動すると、そのサーバーの保守や運用が追加で発生します。これでは本末転倒になってしまうので、そういった「手間」を小さくできる選択肢を選びます。

制約事項については、「費用対効果が高いもの」や次の問題にある「最小限の作業量」といったものがあります。問題文に記載される「制約」を意識して、選択肢の中で合致するものを判断します。

正解：A

Q7

ある企業が、AWS Organizationsを使用して複数のアカウントを管理しています。本番用アカウントについて、現在および将来のすべてのAmazon EC2インスタンス上およびAmazon Elastic File System（Amazon EFS）上のすべてのデータが毎日バックアップされるよう、構成する必要があります。また、バックアップデータを30日間保持する必要があります。

最小限の作業量でこれらの要件を満たすには、どうすればよいですか。

A. AWS Backupでバックアッププランを作成する。リソースIDを使用してリソースを割り当てる。その際、本番用アカウントで動作しているすべてのEC2リソースおよびEFSリソースを選択する。新規リソースを含めるため、バックアッププランを毎日編集する。バックアッププランを、毎日実行するようにスケジューリングする。また、30日後にバックアップデータを失効させるライフサイクルポリシーを適用する。

B. AWS Backupでバックアッププランを作成する。タグを使用してリソースを割り当てる。既存のすべてのEC2リソースおよびEFSリソースが正しくタグ付けされていることを確認する。正しいタグが付けられていない場合にはインスタンスおよびファイルシステムを作成しないというサービスコントロールポリシー（SCP）を、本番用アカウントのOUに適用する。バックアッププランを、毎日実行するようにスケジューリングする。また、30日後にバックアップデータを失効させるライフサイクルポリシーを適用する。

C. Amazon Data Lifecycle Manager（Amazon DLM）でライフサイクルポリシーを作成する。リソースIDを使用してすべてのリソースを割り当てる。その際、本番用アカウントで動作しているすべてのEC2リソースおよびEFSリソースを選択する。新規リソースを含めるため、ライフサイクルポリシーを毎日編集する。スナップショットを毎日作成するよう、ライフサイクルポリシーをスケジューリングする。また、スナップショットの保持期間を30日に設定する。

D. Amazon Data Lifecycle Manager（Amazon DLM）でライフサイクルポリシーを作成する。タグを使用してすべてのリソースを割り当てる。既存のすべてのEC2リソースおよびEFSリソースが正しくタグ付けされていることを確認する。正しいタグが付けられていない場合にはリソースを作成しないというサービスコントロールポリシー（SCP）を適用する。スナップショットを毎日作成するよう、ライフサイクルポリシーをスケジューリングする。また、スナップショットの保持期間を30日に設定する。

■Q7の解説

Amazon EC2インスタンス上のデータつまり、Amazon Elastic Block Store（EBS）上やAmazon EFS上のデータのバックアップを最小限の作業量で自動バックアップするには、どうしたらよいかという問題です。

選択肢を確認すると、使用するサービスについては、AWS BackupかAmazon DLMのどちらかを用いてバックアップするように推察できます。ここで、それぞれのバックアップ対象を確認します。

・AWS Backup
　Amazon EFSやAmazon EBS、Amazon RDSなど、サポートされるさまざまなストレージサービスに対して、対象や世代管理などをまとめたバックアッププランに基づいてバックアップを一元管理できるサービス
・Amazon DLM
　Amazon EBSボリュームのスナップショットのスケジューリングや世代管理を行うサービス

このことから、要件を満たすにはAWS Backupを使用することがわかります。

そして、「最小限の作業量」というところから、一度設定したら設定を変えずに新規リソースへの対応ができるものはどれかを判断します。

■Q7から読み解く傾向

Q6でもお伝えしたように、「制約」を意識して要件を達成できるようにします。

選択肢のA、Bはどちらも要件を達成できますが、バックアッププランを**毎日**編集していたら「最小限の作業量」という「制約」を達成することができません。

正解：B

Q8

ある企業がAWS CloudTrailを使用しています。この企業は、ログファイルが削除または修正されていないことをSysOpsアドミニストレーターが簡単に検証できるようにしたいと考えています。

この要件を満たすには、どうすればよいですか。

A. ログファイルの暗号化に使用されたAWS Key Management Service（AWS KMS）キーに対するアクセス権限を、SysOpsアドミニストレーターに付与する。

B. トレイルの作成時または更新時のCloudTrailログファイル整合性検査を有効化する。

C. ログファイルの格納先バケットに対するAmazon S3サーバーアクセスロギングを有効化する。

D. ログファイルを別のバケットにレプリケートするよう、S3バケットを構成する。

Q8の解説

AWS CloudTrailのログファイルが削除または修正されていない、つまり改ざんされていないことを簡単に検証できるようにするにはどうしたらよいかという問題です。AWS CloudTrailには、そのものずばりな機能が用意されています。それが、選択肢Bの「CloudTrailログファイルの整合性検査」機能です。この機能を使うことで、改ざんされていないかを確認や通知することができます。

■Q8から読み解く傾向

この問題は、やりたいこと（要件）を達成するための機能がわかりやすく選択肢にある問題です。このタイプの問題は機能を知っていれば、点数を取れるので漏らさず取っていきましょう。

正解：B

■Q9

ある企業が、Amazon EC2インスタンス上でカスタムデータベースを実行しています。このデータベースのデータは、Amazon Elastic Block Store（Amazon EBS）ボリュームに格納されています。SysOpsアドミニストレーターは、このEBSボリュームに対するバックアップ戦略を策定する必要があります。

この要件を満たすには、どうすればよいですか。

A. VolumeIdleTimeメトリクスに対するAmazon CloudWatchアラームを作成する。EBSボリュームのスナップショットを作成するためのアクションを作成する。

B. AWS Data Pipelineで、EBSボリュームのスナップショットを定期的に作成するためのパイプラインを作成する。

C. EBSボリュームのスナップショットを定期的に作成するためのAmazon Data Lifecycle Manager（Amazon DLM）ポリシーを作成する。

D. EBSボリュームのスナップショットを定期的に作成するためのAWS DataSyncタスクを作成する。

■Q9の解説

Q7の類似の問題です。Amazon EBSボリュームのバックアップを作成したいという要件を達成するのはどれかという問題です。バックアップ戦略とあるので、バックアップを取るタイミングや世代を管理運用できるものを選択します。

Amazon DLMポリシーを作成することで、スケジュールに従ったバックアップ作成や、指定した期間の保持が可能です。

AWS Data Pipelineはデータの移動や変換を自動化するためのサービスです。AWS DataSyncは、データ移行を簡素化するためのサービスです。そのため、これらはEBSボリュームに対するバックアップ用途には使えません。そして、Amazon CloudWatchアラーム、アクションによるスナップショット作成は、バックアップは取れても世代管理といった運用面が考慮されていません。

■Q9から読み解く傾向

この問題も、やりたいこと（要件）を達成するための機能が分かりやすく選択肢にある問題です。「この要件の時には、このサービスや機能を選択する」、「このサービスや機能のユースケースはどんな時なのか」を理解しましょう。そのため、体系立てて学んでいくことが大切です。

正解：C

■Q10

ある企業が、各部署用に多数のAmazon EC2インスタンスを実行しています。この企業は、既存のAWSリソースのコストを部署別に追跡する必要があります。

この要件を満たすには、どうすればよいですか。

A. この企業のアカウントにおいて、AWSによって生成されるコスト配分タグをすべて有効化する。

B. Tag Editorを使用して、ユーザー定義タグをインスタンスに適用する。コスト配分に関してこれらのタグを有効化する。

C. EC2使用率に対するAWS Pricing Calculatorを定期的に実行するためのAWS Lambda関数をスケジューリングする。

D. AWS Trusted Advisorダッシュボードを使用して、EC2コストレポートをエクスポートする。

■ **Q10の解説**

どこでどのくらいコストを使っているのかを把握したいという要件を達成するにはどうしたら良いかという問題です。AWSにはコスト配分タグという機能が用意されており、この設定したタグに応じてコストを追跡することができます。よって、コスト配分タグについて言及している選択肢が回答になり得ます。問題文にあるように部署別に追跡するには、Amazon EC2インスタンスに対して必要なタグと値を設定し、そのタグをコスト配分タグとして有効化する必要があります。

■ **Q10から読み解く傾向**

こちらの問題もやはり、やりたいこと（要件）を達成するための機能が分かりやすく選択肢にある問題です。ただ、「コスト配分タグ」という文言だけではなく、その機能を利活用するにあたって必要な設定を理解しておきましょう。そのためにも、実際に触ってみることが大切です。

正解：B

SECTION 2

モニタリング、ロギング、およびリソースの修復

このセクションでは、AWS上でシステムを運用する上でのシステムオペレーターおよび、システム運用を担うすべての人に、ビジネスアプリケーションを維持するために必要なモニタリング、ログ記録、および修復を行うAWSの機能、ツール、およびこれらの機能に関連するベストプラクティスについても解説します。

1　モニタリング、ロギング、および通知

AWSでの各種モニタリングサービスや、ロギングサービスの利用方法について解説します。

▶ Amazon CloudWatch

Amazon CloudWatchは、リソース監視のサービスです。AWSの各種リソースを収集・監視・可視化するマネージドサービスです。

運用エンジニアの皆様がAWSを使ったシステムの運用を行っていく中で、現在のシステムの稼働状況やリソース利用状況を確認するために最初に使っていくサービスでしょう。

Amazon CloudWatchは、主に下記の3つの機能があります。

- 「メトリクス」AWSリソースの死活、性能、キャパシティの監視（モニタリング）
- 「ダッシュボード」取得メトリクスのグラフ化（可視化）
- 「アラーム」各メトリクスをベースとしたアラーム（通知）、およびアラームに基づくアクションの設定

■メトリクス

メトリクスとは、システムのパフォーマンスに関するデータです。

メトリクスを取得することで、グラフの表示による性能の可視化や分析が行えます。

Amazon CloudWatchでは、「標準メトリクス」と「カスタムメトリクス」という2種類のメトリクスが存在します。

●標準メトリクス

標準メトリクスは、アカウントで使用しているAWSリソースからCloudWatchに送信されるデフォルトのメトリクスです。

AWSリソースやサービスの属性の測定をメトリクスとして収集することができます。AWSでは、AWSマネジメントコンソールや、AWS CLIまたはAPIを使用して設定可能な標準メトリクスのセットを各サービスに提供しています。

AWSが提供する各種マネージドサービスでは、アカウント内で利用している各種サービスからパフォーマンス情報が自動的に提供されます。

EC2といったIaaSのサービスでは、ハイパーバイザーから取得可能な情報が

メトリクスとして自動的に提供されます。

▼CloudWatch標準メトリクス

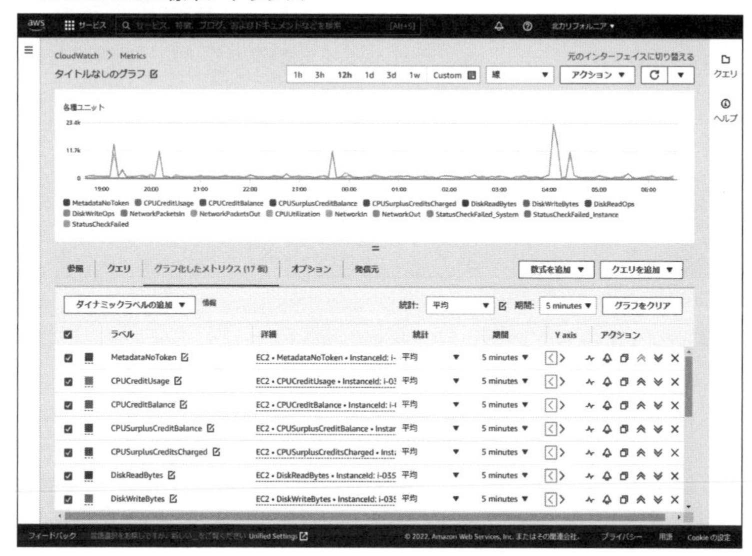

●カスタムメトリクス

カスタムメトリクスは、CloudWatch標準メトリクスで取得されないデータを取得するために使用します。

例えば、EC2といったIaaSのサービスでは、OSの内側で管理されている情報に関してはAWSは勝手にOS内部にはアクセスできませんので、ユーザーがカスタムメトリクスとしてCloudWatchにデータを送り収集することが可能です。

●カスタムメトリクスとして登録する内容の例

・EC2インスタンス内のメモリ利用率
・EC2インスタンス内で管理されているEBS（ブロックストレージ）のディスク利用率
・EC2インスタンス等で作成した独自のアプリケーションで利用するメトリクス（例えばWebセッション数とか、アプリケーション内部で利用しているユーザ数等）

■モニタリング間隔

デフォルトでは、EC2では**基本モニタリング**が有効になっており、AWS無料利用枠においてデータを自動的に**5分間隔**で取得できます。詳細モニタリングを有効にできるオプションもあります。詳細モニタリングを有効にすると、AmazonEC2コンソールに、インスタンスの1分間隔のモニタリンググラフが表示されます。

▼モニタリング間隔と料金

	基本モニタリング（デフォルト）	詳細モニタリング
間隔	5分	1分
料金	無料	追加料金

▶ダッシュボード

Amazon CloudWatchのダッシュボードは、CloudWatchコンソールのカスタマイズ可能なWebベースのダッシュボードページです。

このダッシュボードを使用して、リソースを単一のビューでモニタリングできます。例えば、東京と大阪といった異なるリージョンに分散しているリソースも確認できます。

CloudWatchダッシュボードを使用して、AWSリソースのメトリクスおよびアラームをカスタマイズした状態で表示することができます。

▶アラーム

アラームは、**特定の条件**を満たしたときにトリガーされるように設定します。例えば、いずれかのインスタンスのCPU使用率が80%を超過することなどを条件として設定できます。

詳細はAmazon CloudWatch Alarmにて解説します。

▶CloudWatchの無料利用枠

CloudWatchには、無料で利用できる機能が提供されています。

以下に代表的な無料で利用できる機能を示します。

●メトリクス

・基本モニタリングのメトリクス（5分間隔）
・詳細モニタリングのメトリクス10個（1分間隔）

・カスタムメトリクス10個
・100万のAPIリクエスト（GetMetricDataおよびGetMetricWidgetImageには適用されません）

●ダッシュボード

・毎月最大50個のメトリクスに対応するダッシュボード3個

●アラーム

・10件のアラームメトリクス（高分解能アラームには適用されません）

●ログ

・5GBデータ（取り込み、ストレージのアーカイブ、Logs Insightsクエリによってスキャンされたデータ）

●イベント

・カスタムイベントを除くすべてのイベントが対象

●Contributor Insights

・1か月に1つのContributor Insightsルール
・ルール/月に一致する最初の100万のログイベント

●Synthetics

・1か月あたり100回のCanary実行

●Evidently

・初回の無料トライアルには、アカウントごとに300万のEvidentlyイベントと1000万のEvidently分析ユニットが含まれます

●RUM

・初回の無料トライアルには、アカウントごとに100万のRUMイベントが含まれます

▶CloudWatchへのアクセス

次のいずれかの方法でCloudWatchにアクセスできます。

・Amazon CloudWatchコンソール
・AWS CLI
・CloudWatch API
・AWS SDK

▶Amazon EventBridge（旧CloudWatch Events）

Amazon EventBridgeは、**コードを作成せず**に、AWSのサービスや私達がAWS上に作成した独自のアプリケーション、サードパーティー企業から提供さ

れるサービス型ソフトウェア（SaaS）アプリケーションのデータの変更にリアルタイムにアクセスできるサービスです。

従来、CloudWatch Eventsとして、AWSの各種リソース上で発生した変更をリアルタイムに検出し、「イベント」として各種AWSサービスと連携し、 後続処理を行うことができたサービスが、サードパーティー企業のSaaSアプリケーションにも対応し、EventBridgeという名前に変わって提供されるようになりました。

将来的に、CloudWatch Eventsは、Amazon EventBridgeに統合される予定です。

●Amazon CloudWatch Alarm

CloudWatchのメトリクスやログから、ある一定の条件に当てはまった場合にメール送信などで通知をすることができます。

例えば、Webサーバとして構築したEC2インスタンスのCPU使用率が80%を超えた場合にメールで通知する、RDSのストレージ容量が90%を超えた場合にメールで通知する、というような利用が可能です。

CloudWatchでは、メトリクスアラームと複合アラームの両方を作成できます。

●メトリクスアラーム

メトリクスアラームは、CloudWatchメトリクスに基づく数式の結果を監視します。アラームは、いくつかの期間にわたって、しきい値に関連するメトリクスまたは式の値に基づいてアクションを実行します。アクションには、Amazon SNSトピックへの通知の送信、Amazon EC2アクションまたはAmazonEC2 Auto Scalingアクションの実行、またはSystemsManagerでのOpsItemまたはインシデントの作成があります。

●複合アラーム

複合アラームには、作成した他のアラームのアラーム状態を考慮したルール式が含まれています。複合アラームは、ルールのすべての条件が満たされた場合にのみALARM状態になります。複合アラームのルール式で指定されたアラームには、メトリクスアラームとその他の複合アラームを含めることができます。

複合アラームを使用すると、アラームノイズを減らすことができます。複数のメトリクスアラームを作成できます。また、複合アラームを作成し、複合アラームに対してのみアラートを設定できます。たとえば、複合は、基礎となるすべてのメトリクスアラームがALARM状態にある場合にのみALARM状態になる可能性があります。

複合アラームは、状態が変化したときにAmazon SNS通知を送信でき、ALARM状態になったときにSystems Manager OpsItemsまたはインシデントを作成できますが、EC2アクションまたはAutoScalingアクションを実行することはできません。

▶EventBridgeとの連携

CloudWatchアラームはアラーム状態を変更するたびに、Amazon EventBridgeにイベントを送信します。これらのアラーム状態変更イベントを使用して、EventBridgeでイベントターゲットをトリガーできます。

▶Amazon CloudWatch Logs

Amazon CloudWatch Logsとは、ログ収集・保存を行うための機能です。

Amazon Elastic Compute Cloud(Amazon EC2)インスタンス、AWS CloudTrail、Route 53およびその他のソースからログファイルをモニタリング、保存、およびアクセスすることができます。

●メトリクスフィルター

メトリクスフィルターは、CloudWatch Logsにて収集されたログから特定の文字列をフィルタリングする機能です。ログファイル内にERRORといった文字列を見つけた際に、Amazon SNS通知を送信できます。

▶Amazon CloudWatch Logs Insights

Amazon CloudWatch Logs InsightsはAmazon CloudWatch Logsで収集したデータに対して、クエリを発行したり、分析を行う機能です。

クエリを実行して、運用上の問題に対して効率的かつ効果的に対応することができます。問題が発生した場合は、CloudWatch Logs Insightsを使用して、潜在的な原因を特定し、デプロイされた修正を検証できます。

CloudWatch Logs Insightsは、Amazon Route 53、AWS Lambda、AWS CloudTrail、Amazon VPCなどのAWSサービス、およびログイベントをJSONとして発行するアプリケーションまたはカスタムログからのログのフィールドを自動的に検出します。

ただし、CloudWatch Logs InsightsはCloudWatchメトリクスをネイティブには生成しません。

▶ AWS Health events

AWS Healthは、リソースのパフォーマンスとAWSサービスおよびアカウントの可用性を継続的に可視化します。

AWS Healthイベントを使用して、サービスとリソースの変更がAWSで実行されているアプリケーションにどのように影響するかを知ることができます。AWS Healthは、進行中のイベントの管理に役立つ関連性のあるタイムリーな情報を提供します。AWS Healthは、計画されたアクティビティを認識して準備するのにも役立ちます。このサービスは、AWSリソースの状態の変化によってトリガーされるアラートと通知を配信するため、ほぼ瞬時にイベントの可視性とガイダンスを取得して、トラブルシューティングを加速できます。

●特徴

- AWSヘルスダッシュボードは、すべてのAWSユーザーが追加費用なしで利用可能
- Business、Enterprise Supportプランのユーザーは、AWS Health APIを使用して、社内およびサードパーティのシステムと統合可能

▶ VPCフローログ

VPCフローログはネットワーク監視のサービスです。VPCのネットワークインターフェイスとの間で行き来するIPトラフィックに関する情報をキャプチャできるようにする機能です。

例えば、ネットワークを運用している中で、正しくトラフィックが到達できているか、もしくは通信させたくないトラフィックがきちんと拒絶されているか、といった内容がログに記録され、確認することが可能になります。

VPCフローログでは、AWS内の仮想ネットワークインタフェースElastic Network Interface(ENI)単位で記録されます。

▶ AWS CloudTrail

AWS CloudTrailは、アクティビティ監視のサービスです。

AWSインフラストラクチャ全体のアカウントアクティビティをモニタリングして記録し、ストレージ、分析、および修復アクションのコントロールを行います。

コンソール、AWS SDK、CLI、その他のAWSのサービスで実行されたアクションなど、アカウントアクティビティに関するイベント履歴を提供します。

▼CloudTrail

AWSサービスで使用したAPIコールを記録し、「いつ」、「だれが」、「何を」したのかを確認できます。

CloudTrailを使用すると、AWSインフラストラクチャ全体で、アクションに関するアカウントアクティビティのログ記録、継続的なモニタリング、保持が可能です。

▼クラウドウォッチで記録される項目の例

発生内容	新しいIAMユーザー（Ebihara）が作成された
リクエストしたユーザー	IAMユーザーHiroyuki
発生日	2022年2月19日午前6時
リクエストの作成方法	AWSマネジメントコンソールから

CloudTrailを使用すると、自分のアカウントで行われたAWS APIコールの履歴を取得できます。

CloudTrailがAWS APIコールを記録し、そのログファイルをユーザーに配信します。その情報には、APIの呼び出し元のソースIPアドレスおよびID、コールの時刻、リクエストのパラメータ、AWSのサービスから返された応答の要素などが含まれます。

CloudTrailはリージョンレベルサービスですので、リージョン単位でCloudTrailを有効にします。複数のリージョンを使用している場合は、リージョンごとにログファイルが送られる場所を選択できます。

CloudTrailは、指定されたAmazon S3バケットにログを保存します。例えば、それぞれのリージョンに個別のAmazon S3バケットを配置することも、単一のAmazon S3バケットにすべてのリージョンのログファイルを集めることもできます。

オプションとして、CloudWatch Logsへのロギングも可能です。

APIコールの後15分以内にCloudTrailで更新されます。

APIコールが実行された日時、アクションをリクエストしたユーザー、APIコールの対象となったリソースのタイプなどを指定して、イベントを絞り込むことができます。

▶ Amazon Simple Queue Service (SQS)

Amazon Simple Queue Service (SQS) は、フルマネージド型のメッセージキューイングサービスです。

マイクロサービスや分散システムを実現するために、各アプリケーションの間にSQSを入れることで、疎結合アーキテクチャを実現することが可能になります。

▼SQS

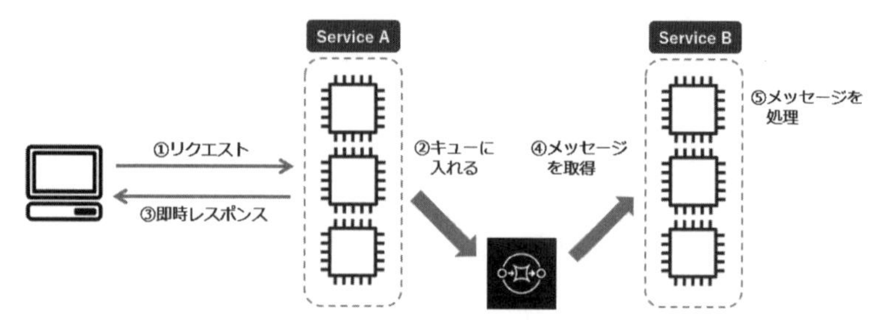

■同期処理型と非同期処理

●同期処理

従来、サービス間結合を行う際には、それぞれのサービス間を密結合で直接接続したり、ロードバランサーを挟むことで同期処理とするケースがありました。

▼同期処理型

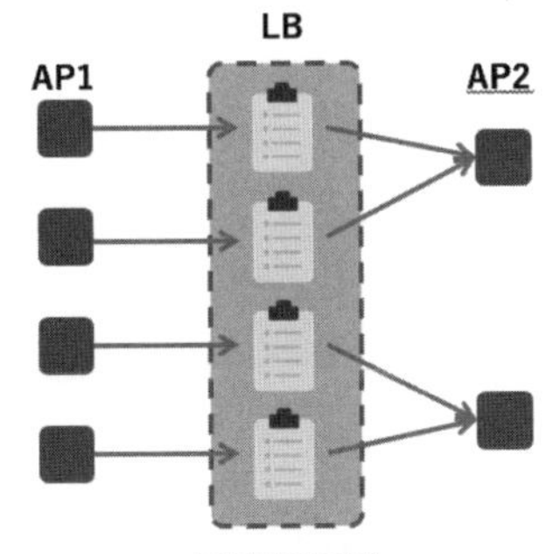

ロードバランサーを使った同期処理型はサービス間を直接接続する密結合に比べると、独立したスケーリングやコンポーネントごとの柔軟なスケーラビリティを行える利点がありました。

ただし、連鎖障害の発生やリトライ処理をフロントエンド側で実施するためコンピューティングリソースコストが高くなるといった課題もあります。

例えば、上記の同期処理型の図では、AP2にリクエストした処理が帰ってこない場合には、AP1側でリトライ処理の再要求が必要となります。

リトライ処理を行うためにはAP1側でリクエスト中のジョブの一覧を保持しないといけませんし、応答速度が遅い場合クライアント側に大量のリトライ応答が返ってきたり、AP1側にゾンビプロセスが溜まったり、AP2側の処理失敗に伴いAP1が連鎖障害で落ちるケースもあります。

●同期処理の特徴

・処理のつなぎ目はロードバランサー
・つなぎ目がリクエストを処理するインスタンスをディスパッチ
・つなぎ目はリクエストをバッファせずにインスタンスに渡す
・クライアントは処理の完了を待つ
・リトライ処理はクライアント側で実行

■非同期処理

そこで、この課題点を解決するために考えられたのが非同期処理型です。

▼非同期処理型

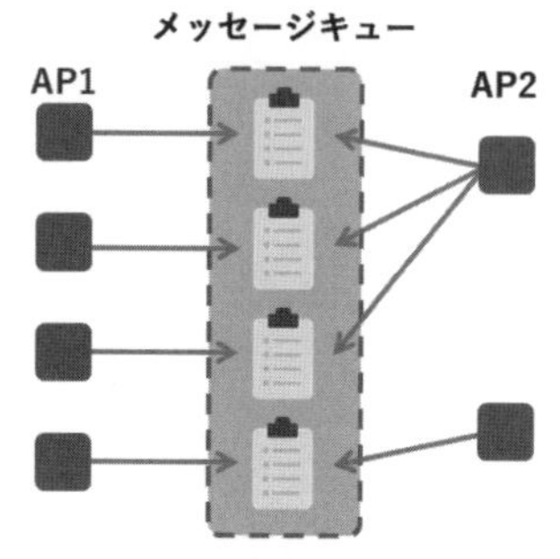

AP1側では処理するジョブをメッセージキューやPub/Subに送ります。AP1側での処理はその時点で完了です。

AP2側はコンピューティングリソースが空いた時点で、新しいジョブをメッセージキューやPub/Subから取得します。

万が一、AP2側で処理が失敗したとしても、メッセージキューの中に未完了のジョブは保持されます。よってスケーリング構成されている他のAP2インスタンスが処理を継続することができるので、耐障害性の観点から同期処理に比べて大変優位です。

また、AP1側でのリトライ処理等の実装が不要となりますので、インスタンスサイズを下げることが可能になりコスト減に寄与します。

更に、同期処理と違いバックエンド側の処理失敗による連鎖障害を防ぐことができます。

現在マイクロサービスを実現するために、SQSを利用した非同期処理型での実装が推奨されています。

●非同期処理の特徴

・処理のつなぎ目はメッセージキューやPub/Sub
・つなぎ目はリクエストメッセージをバッファ
・ワーカーがリクエストメッセージを取りに行き処理を実行
・クライアントのプロセスはメッセージを渡した時点で完了

・リトライ処理はワーカー側で実行

■SQSを使ったデザインパターンの例

●Queuing Chainパターン

非同期処理型のメリットは重い処理の完了を待たずに、レスポンスを返せることでユーザビリティを高められることや、耐障害性の向上といった様々なメリットがあります。

そこでよく使われるのが、Queuing Chainパターンで、EC2インスタンス以外のコンピューティングでも利用できます。

▼非同期処理型

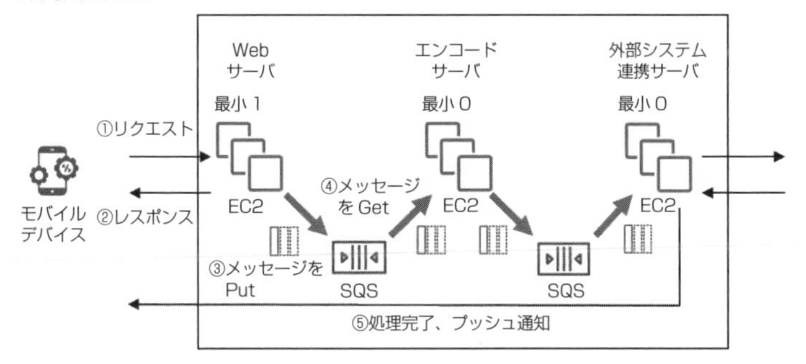

今回の例では、あえてEC2インスタンスを利用したケースで紹介します。

スマートフォン向けのサービスで皆様も利用しておりますが、SNSの投稿の流れをイメージしてみてください。

従来フィーチャーフォン向けのSNS投稿サービスでは上記の図の外の黒枠の部分が1台のサーバで処理されることが多くありました。

フィーチャーフォン向けのサービス時代は、SNS画像を投稿すると①の処理のリクエストを受け付けたあとに、ひたすら処理中の画面が表示され⑤の処理完了まで待ち続ける必要がありました。処理失敗時には再度画像の投稿から行わなくてはいけません。

これに対して、スマートフォン向けの動画SNS投稿サービスでは、①の動画アップロードリクエストを受け付けると即時②のレスポンスを返すことが可能です。動画の公開が完了するまでスマートフォンをロックすることや、別アプリの利用に移ることができます。

全ての処理が終わったあとに、⑤のモバイルアプリケーションに対して投稿完了のプッシュ通知が行われ、私たちは動画の投稿先URLを友人に対してメッセージングアプリ等でシェアすることができます。

途中のエンコード処理などが失敗したとしても、データはストレージに保管され、未完了のジョブはSQS内に残っているので、再度動画を送信する必要もなく、ユーザーは途中の処理に失敗したことを意識する必要もありません。

更に、エンコードサーバ等スペックが高くコストが高くなりがちなインスタンスも、処理が行われてない際に常時起動が不要なります。ジョブがSQSに入った際にのみ起動するといったことで、コスト削減にも寄与します。

■SQSのメトリクス

Amazon SQSはCloudWatchに以下のメトリクスを送信します。

▼代表的なSQSのメトリクスの例

Amazon SQSメトリクス	説明
ApproximateAgeOfOldestMessage	キューで最も古い削除されていないメッセージのおおよその経過期間
ApproximateNumberOfMessagesDelayed	遅延が発生したため、すぐに読み取ることのできない、キューのメッセージ数
ApproximateNumberOfMessagesNotVisible	処理中のメッセージの数
ApproximateNumberOfMessagesVisible	キューから取得可能なメッセージの数
NumberOfEmptyReceives	メッセージを返さなかった ReceiveMessage API呼び出しの数
NumberOfMessagesDeleted	キューから削除されたメッセージの数
NumberOfMessagesReceived	ReceiveMessageアクションへの呼び出しで返されたメッセージの数
NumberOfMessagesSent	キューに追加されたメッセージの数
SentMessageSize	キューに追加されたメッセージのサイズ

▶Amazon Simple Notification Service (SNS)

Amazon Simple Notification Service (Amazon SNS) は、Pub / Subメッセージングおよび、モバイルプッシュ通知やSMS送信など様々なメディアに対応した分散型フルマネージド型通知サービスです。

SNSは大きく分けると、2つの使い方に分類されます。

SNSは大きく分けると、2つの使い方に分類されます。

・Pub / Subメッセージング
・モバイルPUSH通知および、システム間通知

■Pub / Subメッセージング

1つ目の機能として、システム間での通知の並列処理を行うPub / Subメッセージングが行なえます。

システム間連携で、並列処理を行いたい際、メッセージキューでは並列処理が行えません。

メッセージキューでは、ジョブは最初に取り出したインスタンスによって処理されて完了するとキューから削除されてしまいます。

▼SQSでは並列処理ができない

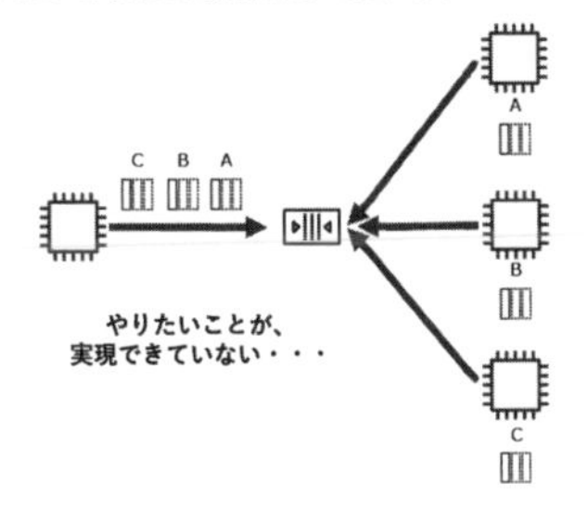

そこで使われるのがPub / Subメッセージングの仕組みです。

▼SNSでの並列処理の流れ

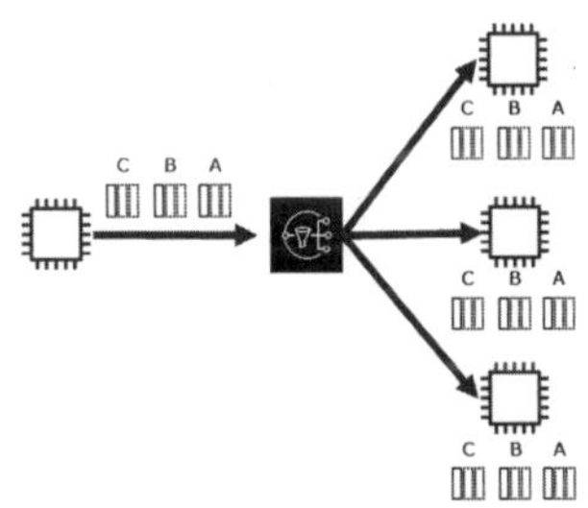

Amazon SNSでは、複数種類の処理を非同期かつ並列に実行することができます。

例えば、注文ジョブに対して、フロントエンド側で決済処理が完了後に、バックエンドで、出荷指示、配送手配、ポイント付与などを並列で行うことが可能です。

■モバイルPUSH通知および、システム間通知

2つ目の機能として、SNSの機能を使うことで、モバイルアプリケーションや携帯電話のショートメッセージサービス（SMS）や、システム間での通知をおこなうことができます。

Pub / Subメッセージングでは、システム間通知を行いますが、各種通知周りの処理が全てAmazon SNSに集約されています。

SNSで利用可能な代表的なサブスクリプション先には以下のようなものがあります。

・Eメール
・HTTPまたはHTTPS
・ショートメッセージサービス（SNS）通知
・SQS

■Eメール通知

SNSのEメール通知では、「Eメール」または「JSON形式のEメール」に対応しています。事前に登録されたメールアドレスに送信されます。JSON形式のEメールを選択すると、通知がJSONオブジェクトとして送信されます。Eメールを選択すると、テキストベースのEメールとして送信されます。

■「HTTP」または「HTTPS」

SNSにて配信先を登録する際に通知先のURLを指定します。HTTP POSTを通じて、通知が指定されたURLに届けられます。

Webアプリケーションのシステム間連携で通信を行う際に使います。

■「SMS」

メッセージは、SMSテキストメッセージとして、予め登録された電話番号に送信されます。

システム障害等の際の連絡先として、運用の現場で使われることも多いです。

■「SQS」

ユーザーはSQSキューをエンドポイントとして指定できます。Amazon SNSは指定されたキューに通知メッセージをエンキューします。

SNS単体を使ったPub / Subメッセージングでは、並列処理を行うことはできますが、プッシュ配信となってしまいますので、SQSのQueuing Chainパターンで紹介した、耐障害性のメリットや、コストメリット、リトライ処理の自動化などが行えません。

そこで、SNSの後ろにSQSを入れることで、プル取得することが可能です。

この構成をFunout構成といいます。

特にEC2インスタンスを使ってPub / Subメッセージングを行う際には、Funout構成を取ることが推奨されます。

▼SQSを組み合わせたFunout構成

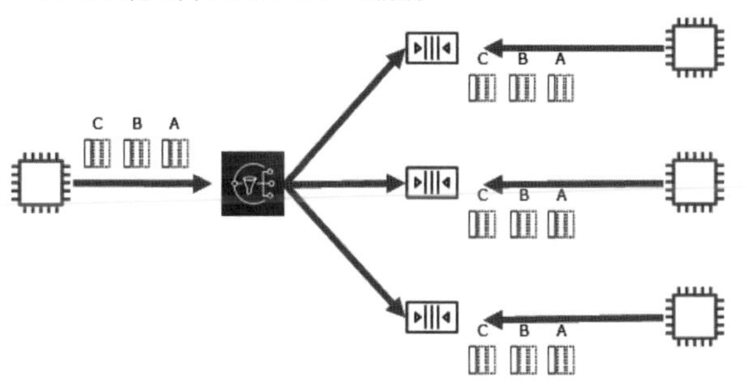

●Funout構成の特徴

・並列処理により処理時間を短縮可能
・各処理が疎結合なため、処理の追加や一部処理だけスケールさせることが容易

▶ Amazon Simple Email Service (SES)

Amazon Simple Email Service (SES) は、アプリケーション開発者が作成したアプリケーションでメールを送信できるようにする、費用対効果の高い、柔軟でスケーラブルなメールサービスです。

マネージド型のSMTPサービスとなっており、メールの送信だけでなく受信も可能になっています。

従来メール送信を行うにはサーバ (EC2等) 内にPostfixやSendmail等の

メール転送エージェント（MTA）ミドルウェア等をインストールして構築しておりましたが、SMTPアプリケーションの死活監視や冗長化、サーバOSやミドルウェアのセキュリティ対策、パッチ当て等の運用にかかわる工数が多く発生しておりました。マネージド型のSESを利用することにより運用工数を大幅に削減できます。

SNSでもEメールの送信は可能ですが、SESとSNSの使い分けの仕方として、独自ドメインのメールアドレスの使用や、返信されたメールの送受信ができる点です。

SNSは主に通知を行うために作られたサービスですので、メールの受信は行えません。

これに対し、SESはメールのマネージドサービスですので、添付ファイルの送信や、HTMLメールといった装飾メールにも対応しております。

▼SESとSNSの違い

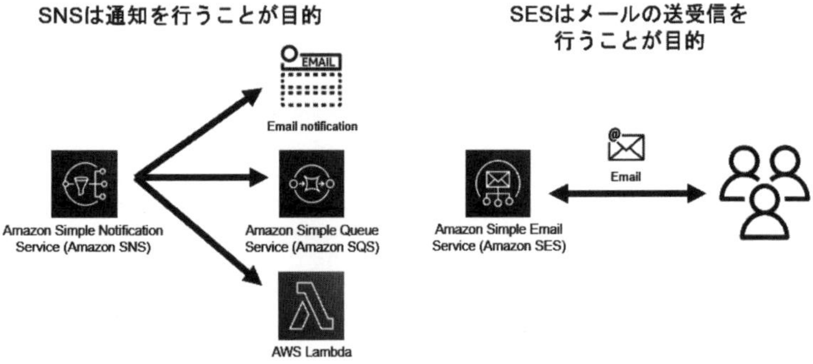

・SNSは通知を行うためのサービス
・SESはメールのマネージドサービス

2 リソースの修復、バックアップ、および復元

災害対策や、アプリケーション障害時の復旧案として、バックアップからの復元を行う必要があります。

バックアップに関する考え方を抑えておきましょう。

▶マネージドサービスのバックアップ先

AWSの各種マネージドサービスはそれぞれのリージョン全体で運用されております。

AZ（アベイラビリティーゾーン）レベルでのデータセンター障害の影響を受けることなく、サービスを利用することが可能となっています。

基本的に各種マネージドサービスのバックアップ先は、Section4にて学ぶ、大変耐障害性の高いAmazon Simple Storage Service（S3）内に保管されます。

S3のデータ保管単位はリージョンレベルで保管されます。

ただし、リージョンレベルでの災害に対しては、災害対策先へのリージョンへデータを予めコピーしておく必要があります。

▶セルフマネージドサービスのバックアップ先

レガシーなシステムの移行として選択肢の取られるIaaSの考え方のセルフマネージドサービスの場合は、リージョン内に配置されるデータセンター群のAZに配置して運用します。具体的には、Section3にて解説しますAmazon Elastic Compute Cloud（EC2）や、Section4にて解説しますAmazon Relational Database Service（RDS）があります。

こちらの場合は、AZレベルでのデータセンター障害も考慮して、バックアップから復元していくことにしましょう。

セルフマネージドサービスは各AZにて稼働します。AZレベルでのデータセンター障害でシステムにアクセスができなくなることもありますので、バックアップデータから復元していきます。

RDSはマネージドサービスですが、EC2と合わせてサブネット単位で利用するサービスですので、AZ単位での障害対策が必要です。

EC2インスタンスのバックアップイメージ（AMI、EBSスナップショット）

や、RDSインスタンスのバックアップはリージョン単位のS3に保管されていますので、S3内のバックアップから復元することにより他のAZにも復元することが可能です。

リージョンレベルの災害に関しては、マネージドサービスと同様に、災害対策先へのリージョンへデータを予めコピーしておく必要があります。

▶ AWS Backup

AWS BackupはAWSの各種サービスを横断的に、バックアップの集中管理および自動化を行う機能です。

従来、バックアップに関しては各種AWSサービス個別で設定を行う必要がありました。

ストレージサービスだけで複数のサービスを利用していたりすると、それぞれのサービスにてバックアップ設定をしていくため、特定の時間に戻したいケースへの対応には各サービスごとのバックアップデータの運用管理が必要となり大変でした。

AWS Backupではバックアップの保存先（バックアップボールト）を作成し、バックアッププランで定めたルールに基づいたバックアップジョブを実行することで復旧ポイントの設定を行うことができます。

AWS Backupでの、バックアップ作成は下記の流れで行います。

・バックアップボールトを作成（バックアップ保管単位）
・バックアッププランを作成（週次バックや月次バックアップといったバックアップ頻度、バックアップを行う時間）
・対象のAWSリソースを関連付ける（タグやリソースIDにて指定する）

▶ハイブリッドアーキテクチャー

ハイブリッドアーキテクチャーのシステムでは、AWSクラウド上の各種サービスだけでなく、オンプレミスも含めた透過的な構成管理（オーケストレーション）も課題となってきます。

AWSの各種サービスでは、オンプレミスシステムにも対応した各種サービスがありますが、ハイブリッドアーキテクチャー構成管理ツールも知っておきましょう。

■ AWS OpsWorks

AWS OpsWorksは、ChefやPuppetを利用できる構成管理サービスです。

ChefやPuppetは、コードを使用してサーバーの構成を自動化できるようにするためのオートメーションプラットフォームです。

OpsWorksでは、ChefやPuppetを使用して、Amazon EC2インスタンスやオンプレミスのコンピューティング環境でのサーバーの設定、デプロイ、管理を自動化できます。

OpsWorksには下記の3種類のタイプがあります。

●AWS OpsWorks for Chef Automate

AWS OpsWorks for Chef Automateは、Chef Automate（設定管理、コンプライアンスとセキュリティ、継続的デプロイを目的とした、Chefのオートメーションツールスイート）を実行するための完全マネージド型設定管理サービスです。

サーバーのパッチ適用、アップデート、バックアップが自動的に実行され、Chefサーバーが管理されます。

OpsWorksを使用すると、独自の設定管理システムを運用したり、そのインフラストラクチャを管理したりする必要がなくなります。OpsWorksでは、構成とコンプライアンスの管理など、Chef Automateのすべての機能を利用できます。管理はChefコンソールまたはコマンドラインツール（Knifeなど）で行います。また、OpsWorksはChefの既存のクックブックとシームレスに連動します。

●AWS OpsWorks for Puppet Enterprise

AWS OpsWorks for Puppet Enterpriseは完全マネージド型の設定管理サービスであり、Puppetのインフラストラクチャおよびアプリケーション管理用の自動ツールセットであるPuppet Enterpriseをホストします。

サーバーを自動的に修正、更新、バックアップすることでPuppetのマスターサーバーの管理も行います。

Puppet Enterpriseのすべての機能にアクセスし、各機能をPuppetコンソールで管理できます。また、既存のPuppetコードをシームレスに使用できます。

●AWS OpsWorks スタック

AWS OpsWorks スタックはアプリケーションとサーバーの管理サービスです。

OpsWorksスタックでは、ロードバランシング、データベース、アプリケーションサーバーなどのさまざまなレイヤーを含むスタックとしてアプリケーションをモデリングできます。各レイヤー内では、Amazon EC2インスタンスのプロビジョニング、自動スケーリングの有効化、Chefレシピによるインスタンスの設定（Chef Soloを使用）を実行できます。
　これにより、パッケージのインストール、言語やフレームワークのプログラミング、ソフトウェアの構成といったタスクを自動化できます。

3 章末サンプル問題

Q1. ある企業が、複数のAmazon EC2インスタンスにまたがるサービス指向アーキテクチャをホストしています。インスタンスごとに異なるアプリケーションがホストされています。サービス間通信のため、各サービスにおいて、Amazon Simple Queue Service(Amazon SQS)キューに対してメッセージの送受信が行われます。この企業は、Amazon CloudWatchを使用して監視しています。この企業は、ApproximateNumberOfMessagesVisibleメトリクスの値が50を上回ったときにシステム運用担当者にアラートを送信するようにCloudWatchアラームを構成しました。システム運用担当者が先ほど、アラームがALARM状態になったことを伝えるアラートを受信しました。このアラームの原因として考えられるものはどれですか。

A. SQSキューの可視性タイムアウト期間を長すぎる値に設定している。
B. SQSキューからメッセージを受信しているアプリケーションが、メッセージ処理後にメッセージをキューからパージしている。
C. SQSキューの配信遅延期間を長すぎる値に設定している。
D. SQSキューからメッセージを受信しているアプリケーションが、メッセージ処理後にメッセージをキューから削除していない。

Q2. ある企業は3層Webアプリケーションをオンプレミスシステムから AWSに移行しました。このアプリケーションは、Auto Scalingグループ内のAmazon EC2インスタンス上で動作しています。SysOpsアドミニストレーターが、監視ダッシュボードを作成し、各インスタンスのCPU使用率およびネットワーク使用率を1分間隔で監視する必要があります。この要件を満たすには、どうすればよいですか。

A. Amazon CloudWatchダッシュボードを作成し、基本モニタリングを有効化する。
B. Amazon QuickSightダッシュボードを使用するよう、AWS CloudTrailを構成する。

C. Amazon CloudWatchダッシュボードを作成し、詳細モニタリングを有効化する。
D. AWS Personal Health Dashboardを使用する。

■正解と解説

Q1. 正解 D

Amazon SQSでは、取得済みメッセージが自動削除されることはありません。これは、メッセージが正常に受信されなかった場合に備えるためです。メッセージを削除するには、メッセージが正常に受信および処理されたことを通知するリクエストを別途送信します。メッセージを正常に受信してからでないと、そのメッセージを削除することはできません。

A：不正解です。可視性タイムアウト期間を長すぎる値に設定した場合、ApproximateNumberOfMessagesVisibleメトリクスによって追跡される値が小さくなります。したがって、ApproximateNumberOfMessagesVisible値が大きすぎるという問題の原因にはなりません。

B：不正解です。SQSキューをパージした場合、キュー内のメッセージがすべて削除されます。したがって、キュー内にバックログは生成されません。

C：不正解です。配信遅延期間を長すぎる値に設定しても、SQSキュー内にバックログが生成される原因にはなりません。配信遅延機能は、キュー内の可視メッセージ数を意図的に減らすものです。

Q2. 正解 C

CloudWatchのモニタリングタイプには、基本モニタリングおよび詳細モニタリングの2種類があります。基本モニタリングの場合、データは5分間隔で自動的に取得され、料金は発生しません。詳細モニタリングの場合、データは1分間隔で取得されますが、追加料金が発生します。

A：不正解です。CloudWatchの基本モニタリングデータは、5分間隔で取得されます。

B：不正解です。CloudTrailを使用した場合、あるAWSアカウントに対するAPI呼び出しが記録され、ログファイルがAmazon S3バケットに配信されます。QuickSightはデータ視覚化サービスです。

D：不正解です。AWS Personal Health Dashboardは、AWSサービスまたはAWSアカウントに影響を及ぼす可能性のあるイベントに関するアラートおよび改善ガイダンスを表示するものです。

SECTION 3

信頼性とビジネス継続性

このセクションでは、信頼性とビジネス継続性を実現するために、スケーラビリティや伸縮性、高可用性を実装するAWSの各種サービスの機能やオプション、および考え方についても解説します。

1　仮想マシンを利用した運用における信頼性と事業継続性

▶Amazon Elastic Compute Cloud（EC2）

Amazon Elastic Compute Cloud（Amazon EC2）は仮想サーバのサービスです。

オンプレミスのサーバで構築していたシステムの置き換えとして、最初に使うことが多いIaaSのサービスです。

▶EC2を使うメリット

・数分で構築が可能
・秒単位または時間単位での従量課金
・様々なOSに対応、ライセンス費用やサポート料金込みで従量課金
・管理者権限（root / Administrator）が利用可能
・スペックの変更が容易に可能

■数分で構築が可能

従来、オンプレミスのシステムではハードウェアの調達に大変時間がかかっていました。

まず、ハードウェアのスペック選定です。オンプレミスでは買ってしまったハードウェアを後で買い替えることは困難なため、スペック選定をしっかりと行わなくてはいけません。

1日あたりの総トランザクション数を見積もり、そのトランザクションを処理するのにかかる1時間あたり、1分あたり、1秒あたりに必要なコンピューティング性能を見積もります。

また、見積もったコンピューティング性能よりも高い処理要求が発生するとサービスが停止してしまいます。1日を通して、1週間を通して、1年を通して利用されるコンピューティング性能は一定では無いため、ピーク性能より余裕をもったコンピューティング性能を見積もります。

更に、オンプレミスとして購入するハードウェアの場合は機器の減価償却期間もありますので、3年後や5年後の機器更改までのタイミングに耐えられるコンピューティング性能の見積もりを行うとなると、オンプレミスではスペック選定に3人月程度かかるケースもありました。

そして、スペックが決まりハードウェアを発注しても、実際にハードウェアが納入されるまでには数ヶ月かかりました。

また、ハードウェアが到着してから、キッティング、ラッキング、OSやデバイスドライバのインストールや設定など、実際に我々が業務アプリケーションを動かせるようになるまで数日が必要でした。

EC2では、OS、スペック、ネットワーク、ディスク容量を選択するだけで、数分で利用することが可能です。

OSやデバイスドライバはインストール済みの状態で提供されますので、ミドルウェアやアプリケーションを導入することで短時間でオンプレミスの時と同様の環境が構築可能となります。

■秒単位または時間単位での従量課金

EC2を購入する際、標準の買い方はEC2インスタンスを利用した時間に対してのオンデマンド料金（従量課金）です。

EC2インスタンスの購入方法は従量課金だけでなく、様々な買い方が可能です。Amazon EC2ではユースケースごとにさまざまな購入オプションが用意されています。

運用エンジニアの方は、適切な購入オプションを選べるようにそれぞれの特徴を抑えておきましょう。

・オンデマンド
・スポットインスタンス
・リザーブドインスタンス
・Savings Plan
・ハードウェア専有インスタンス（Dedicated Instance）
・Dedicated Hosts

●オンデマンドインスタンス

オンデマンドインスタンスでは、実行するインスタンスに応じて、コンピューティングキャパシティーに対して秒単位または時間単位の料金が発生します。

長期間の契約や前払いは必要ありません。

特にこのオンデマンド料金の考え方は、システム導入にあたる実証実験や検証を行う際には大変便利です。

ユースケースとしては、アクセス負荷に応じて自動的に伸縮するシステムや、実証実験、検証、開発環境等幅広く使われます。

●スポットインスタンス

AWSでは、ユーザーがいつでもEC2インスタンスを利用したい時に必要な量を提供できるように、未使用のEC2キャパシティがあります。

この未使用のキャパシティを、オンデマンドの料金と比較してコンピューティング料金を最大90%OFFの割引で提供される割引オプションです。

スポットインスタンスは、開始時間と終了時間が決まっていないワークロードや中断に耐えられるワークロードに最適です。

スポットインスタンスの購入価格は、現在時点における未使用のEC2キャパシティによって値段が決まります。

未使用のEC2キャパシティが多ければ価格は下がり、未使用のEC2キャパシティが少なければ価格は上がります。

私たちはこのスポットインスタンスに支払っても良い金額を指定（スポットリクエスト）し、EC2のキャパシティーに空きがあると、スポットインスタンスが起動します。

Amazon EC2のキャパシティーに空きがないと、空きができるまでリクエストは成功しません。

キャパシティーの空きがないと、バックグラウンド処理のジョブの起動が遅れる可能性があります。

スポットインスタンスを起動した後、キャパシティーに空きがなくなったり、スポットインスタンスに対する需要が増えたりすると、インスタンスが中断される可能性があります。

処理の中断に対応しているアプリケーションや、再実行可能な処理には最適な選択肢ですが、処理完了までの間に一定時間、確実に起動が必要なアプリケーションの際は他のインスタンス購入オプションを選択してください。

ユースケースとしては、厳密なリアルタイム性が求められていないバッチ処理や、データ分析処理を低コストで実現したいケースに向いています。

●リザーブドインスタンス

リザーブドインスタンスとは、1年間または3年間の利用期間をあらかじめ設定することで、オンデマンドの料金と比較してコンピューティング料金を最大75%OFFの割引を受けられる長期利用割引オプションです。

リザーブドインスタンスを購入する際には、利用期間（1年間、3年間）と、支払い方法（全額前払い、一部前払い、前払いなし）を選択します。

リザーブドインスタンスの期間が終了しても、EC2インスタンスを中断なくオンデマンドの料金で使い続けることができます。

一部前払いまたは前払いなしの支払いオプションを選択した場合、残額は期間を通じて毎月請求されます。

スタンダードリザーブドインスタンスとコンバーティブルリザーブドインスタンスは1年または3年の契約で購入でき、スケジュールされたリザーブドインスタンスは1年契約で購入できます。3年契約にすると、大幅なコスト削減を実現できます。

ユースケースとしては、24時間365日稼働し続ける認証系サーバ等に使われます。運用開始から数ヶ月が経過し安定稼働するスペックが固まってきた際にリザーブドインスタンスに移行するといったケースが多いでしょう。

●ゾーンリザーブドインスタンス

リザーブドインスタンスは購入する際にスコープと呼ばれる適用範囲を選択します。

スコープは、リージョンあるいはゾーンのいずれかになります。

一般的には、リザーブドインスタンスというとリージョンリザーブドインスタンスを選ぶことが多いですが、特定のアベイラビリティーゾーン用にリザーブドインスタンスを購入するといったことを選ぶことも可能です。こちらをゾーンリザーブドインスタンスと呼びます。

▼リザーブドインスタンスの機能比較

	リージョン リザーブドインスタンス	ゾーン リザーブインスタンス
キャパシティー予約機能	キャパシティーは予約されません	指定されたアベイラビリティーゾーンでキャパシティーが予約されます
割引適用範囲	すべてのアベイラビリティーゾーンにおけるインスタンスに対して、リザーブドインスタンス割引が適用	指定したアベイラビリティーゾーン内のみのインスタンスに対して適用

●オンデマンドキャパシティー予約

オンデマンドキャパシティー予約を使用すると、特定のアベイラビリティーゾーンで任意の所要時間だけ、Amazon EC2インスタンスを予約できます。

上記、ゾーンリザーブドインスタンスの表でも見ていただきましたが、リージョンリザーブドインスタンスでは、キャパシティー予約がありません。キャパシティー予約はゾーンリザーブドインスタンスにのみ提供されています。

こちらのオプションは、リザーブドインスタンスの割引がなく、オンデマンドインスタンスと同じ価格で提供されます。

ディスカウント効果とキャパシティー予約の両方を提供するゾーンリザーブドインスタンスは最低契約期間が1年からとなっていますので、ディスカウント効果はないものの、特定の期間を任意に指定してキャパシティー予約をする機能として、オンデマンドキャパシティー予約が提供されました。

●Savings Plan

Savings Plansは、1年または3年間の一定のコンピューティング使用量を伴うワークロードに最適です。Compute Savings Plansを使用すると、オンデマンドの料金と比較してコンピューティング料金を最大72%OFFの割引を受けられる長期利用割引オプションです。

Savings Planを購入する際には、予めインスタンスを利用する相当の金額を計算して契約します。

契約した使用量に達するまでは、Savings Plan料金で課金されます。契約した使用量を超えると、オンデマンドの料金で課金されます。

リザーブドインスタンスに比べて条件の指定が緩く、幅広いインスタンスに対して最も割引効率が高くなるように自動で適用されます。

例えば、リザーブドインスタンスの場合、購入時に指定したインスタンスタイプのサイズを変更すると適用対象外となるケースがあります。

契約初期に想定以上にインスタンスの利用の仕方が変化した場合にも、Savings Planはリザーブドインスタンスに比べて柔軟に対応することが可能です。

Savings Plansのオプションを検討する場合は、AWS Cost Explorerを使って過去7日間、30日間、60日間のEC2使用状況を分析できます。

AWS Cost Explorerでは、Savings Plansのカスタマイズされた推奨事項も提供しています。

これらの推奨事項は、以前のEC2使用量と、1年または3年のSavings Planにおける1時間ごとの契約使用量に基づいて、月々で節約できるEC2コストを算出します。

コスト面では大変優位なSavings Planですが、リザーブドインスタンスと違いキャパシティは予約はされません。

ユースケースとしては、特にコロナ禍のテレワークへの対応で利用が変化した社内システムや、顧客向けサービスサイト等で利用されています。

●ハードウェア専有インスタンス（Dedicated Instance）

ハードウェア専有インスタンスは、アカウント専用のハードウェアで実行されるインスタンスオプションです。

通常、EC2インスタンスの実行されるハードウェアは、任意の空いているハードウェア上にて実行されます。

同一のハードウェアの上では様々なアカウントのEC2インスタンスが稼働しますが、サンドボックスモデルでそれぞれのEC2インスタンス間は分離されているので、同一のハードウェア上に他のアカウントのEC2インスタンスが存在することを気にする必要はありません。

ただし、システムによっては法令等により、同一のハードウェア上で他のアカウントのEC2インスタンスが稼働することを認められないケースもあります。

その際に利用するのが、ハードウェア専有インスタンスです。

ハードウェア専有インスタンスでは、ハードウェア全体を**自分の**アカウント専用に確保します。**他の**アカウントのEC2インスタンスは同一ハードウェア上には起動しません。
ハードウェア専有インスタンスは、オンデマンドインスタンスに比べて**高コスト**です。**専有追加**料金が発生します。
また、**リザーブド**ハードウェア専有インスタンスを購入してコストを削減することもできます。

ユースケースとしては、**コンプライアンス**要件や**法令**要件を満たすケースで利用されます。

●Dedicated Hosts

Dedicated Hostsは、EC2が実行される物理サーバーを**専有し続ける**インスタンスオプションです。
一部のソフトウェアライセンスでは、CPUに対してライセンスが発生するライセンス契約があります。
ハードウェア専有インスタンスにてこれらのアプリケーションを実行した場合、インスタンスを終了または停止した場合、次回起動してくる物理ハードウェアは**別の**ハードウェアの可能性があります。

ハードウェア専有インスタンスでは、同一のハードウェア上では**他の**アカウントのEC2インスタンスは起動してきませんが、再度インスタンスを起動したときに必ず同一のハードウェア上で**起動**されません。これではライセンス違反になってしまいます。この要件を満たすための選択肢が、Dedicated Hostsです。
ソケット単位、**コア**単位、または**VMソフトウェア**単位でもライセンス要件を満たせます。

他の料金オプションとの大きな違いは、インスタンスではなく**ホスト**に対しての従量課金という点です。
インスタンスが1つも上がっていなかったとしても、**ホスト**を専有し続けている限りホストに対して課金が発生します。
ホストを開放する際は、そのシステムにおいて該当のソフトウェアの利用を廃止する時でしょう。

Dedicated Hostsはオンデマンドまたはリザーブドで購入できます。

Dedicated Hostsは、これまでに説明したすべてのEC2オプションの中で最も高額です。

ユースケースとしては、ライセンス要件やコンプライアンス要件を満たすケースで利用されます。

■プレイスメントグループ

EC2では、相互に関連する障害を最小限に抑えるために基盤となるハードウェア全体にすべてのインスタンスを分散しようとします。

プレイスメントグループを使用すると、特殊な要件のワークロードのニーズにも対応するように、相互に依存したインスタンスのグループを実行する場所を制御できます。

●パーティションプレイスメントグループ

パーティションプレイスメントグループは、インスタンスを複数の論理パーティションに分散させることで、1つのパーティション内にあるインスタンスのグループの基盤となるハードウェアが、別のパーティション内にあるインスタンスのグループと共有されないようにします。この戦略は、一般に、Hadoop、Cassandra、Kafkaなどの分散され、レプリケートされた大規模なワークロードで使用されます。

●クラスタープレイスメントグループ

クラスタープレイスメントグループは、アベイラビリティーゾーン内でインスタンスをまとめます。この戦略では、HPCアプリケーションでよく使用される密結合のノード間通信に必要な低レイテンシーネットワークパフォーマンスをワークロードで実現できます。

●スプレッドプレイスメントグループ

スプレッドプレイスメントグループは、それぞれが個別のラックに配置され、各ラックに独自のネットワークと電源があるインスタンスのグループです。スプレッドプレイスメントグループは、少数の重要なインスタンスを互いに分離して保持する必要があるアプリケーションに推奨されます。

スプレッドプレイスメントグループでインスタンスを起動すると、インスタンスが同じラックに配置されている場合に発生する可能性がある同時障害のリスクが軽減されます。スプレッドプレイスメントグループは、同じリージョン内の複数のアベイラビリティーゾーンにまたがることができます。

▼プレイスメントGroup表

プレイスメントグループ	ユースケース
クラスター	・HPC ・ネットワークレイテンシーが低い ・スループットが高い
パーティーション	・分散され、レプリケートされた大規模なワークロード(HDFS、Hbase、Cassandraなど) ・データレプリケーションでデータの可用性と耐久性を向上
スプレッド	・少数の重要なインスタンスを互いに分離して保持する必要があるアプリケーション ・同時障害のリスクを低減

▶スケーリング戦略と単一障害点(SPOF:Single Point Of Failure)の除去

EC2を運用する際、コンピューティング性能をスケーリングするためにはインスタンスタイプを変更し、より大きなスペックのEC2インスタンスを使うことでスケーリングを行っていきます。

EC2には多くのインスタンスクラスが用意されているため、ある程度の規模までのスケーリングは可能です。

このようなCPUやメモリの量など、インスタンスのサイズを変更するスケーリングを**スケールアップ**(および、スケールダウン)と呼びます。

しかし、スケールアップではかなり大規模なスケーリングには対応が難しくなります。

スケールアップを繰り返していては、いずれインスタンスタイプの上限に達してしまいスケーリングが行えなくなります。

更に、単一のインスタンスで行っている処理はそのインスタンスが止まってしまった場合に処理を継続することができません。

インスタンスの停止がそのままサービス停止に陥ってしまうわけです。

これを、**単一障害点**(**SPOF**:**Single Point Of Failure**)と呼びます。

ある特定の部分が止まるとサービス全体の停止に影響を及ぼしてしまうような

箇所をなるべく避ける構成がベストプラクティスです。

▼スケーリング

スケールアップ
単体性能を向上

スケールアウト
台数を増加

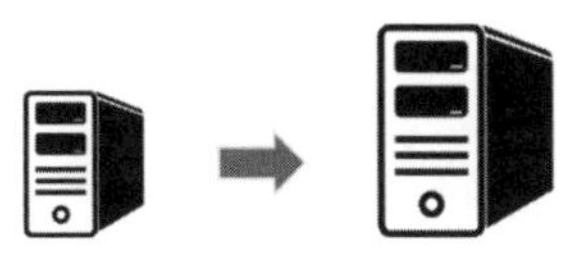

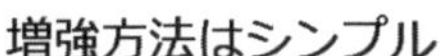

複数台構成のため、
対障害性で優位

　そこで、解決策として複数台のインスタンスでスケーリングを行う方法としてスケールアウト構成が考えられました。
　スケールアウト構成のメリットは、主に4つあります。

・耐障害性に対して優位
・スケーリングの際にサービスを停止すること無く行うことが可能
・大規模なスケーリングにも対応可能
・スケールインによるAWSのメリットであるコスト効率を高められる

■耐障害性に対して優位

　スケールアウト構成の1番のメリットは耐障害性に対して優位ということです。
　監視運用エンジニアの方は現場でご経験されていることも多いと思われますが、障害における物理的な機器故障というのは少なくなってきています。
　主な障害の原因としては、その機器上で動いているアプリケーションのバグや、ミドルウェア設定や構成等に起因する内容の方が物理機器故障よりも多いでしょう。
　その場合には機器の再起動や、サービスの再起動といった内容で復旧してしまうケースもあります。

　スケールアウト構成の場合は、単一のインスタンスのみで処理を行っていませんので、障害が起きているインスタンス以外で処理を継続することが可能です。

１台のインスタンスだけでは単一障害点となりますが、複数台構成にすることにより、ユーザーがシステムを利用し続けることが可能となります。

ただし、スケールアウト構成での耐障害性に対してはデータの保管場所や、アプリケーション実装の変更が必要となるケースもあります。
対応策に関しては、SECTION 4のストレージサービスで解説します。

■サービスを停止することなくスケーリングが可能

EC2はあくまでも、仮想マシンです。インスタンスタイプを変更してスケールアップを行う場合にはインスタンスの起動・停止を行う必要があります。
オンプレミスの機器を想像していただけるとわかりやすいでしょう。稼働中のハードウェアのCPUやメモリを抜き差しすることはできません。メモリの量はOS内で管理されているわけです。単一のインスタンスでスケールアップを行う場合には、一時的にサービスの停止が発生します。

これに対して、スケールアウト構成の場合は、新しく別のインスタンスを起動するので、現在稼働中のインスタンスのサービスを継続することが可能です。

■大規模なスケーリングにも対応可能

AWSは様々なスペックのインスタンスタイプを用意しております。しかし、使われているアプリケーションのライセンスやOSのエディションによっては、CPUやメモリの数が増えることにより現在の構成ではスケールアップできなくなることがあります。
スケールアウト構成では、現在と同じ構成のインスタンスを複数台スケールアウトすることで、大規模エンタープライズシステムにおいても大規模スケーリングを実現しています。

■スケールインによるAWSのメリットであるコスト効率を高められる

スケールアップ構成の場合は、スケールダウンによりサイズを小さくすることも可能ですが、サイズを小さくする際にはインスタンスの起動・停止を行う必要があります。
スケールダウンを行う間サービスの停止が発生します。特に稼働中のサービスに対してユーザーからのアクセスが有る場合は、スケールダウンをすぐに実施することが困難になります。

これに対して、スケールアウト構成ではスケールインによりインスタンスの台数を減らすことが可能です。

EC2インスタンスの標準の買い方は、時間に対してのオンデマンド料金ですので、利用が減ってきた際に不要なインスタンスを減らすことでコスト効率を高めることが可能です。

▶データセンターの考え方、Availability Zone、リージョン

ここで、データセンターの考え方をおさらいしておきましょう。

EC2は仮想マシンです。AWSの物理サーバ上で稼働します。

AWSのデータセンターでは、数万〜数十万のサーバが稼働しています。1つのデータセンターに収まるかというと収まらない地域も出てくるでしょう。

例えば、東京や大阪、シンガポールといった地域ではすでに都市ができあがっており、各国の法令により高さ制限や収容率等の制限を受け1つのデータセンターに収まりきれない可能性があります。そこで、複数個のデータセンターを大変高速なネットワークで接続し、あたかも同一のデータセンターかのように利用できる1つ以上のデータセンターの集合体をアベイラビリティーゾーン（Availability Zone：AZ）と呼びます。私達ユーザーは個々のデータセンターを意識すること無く利用できます。

そして、このAZも1つでは運用されておりません。各リージョンでは最低2つ以上の複数のAZで構成されます。

AZは地理的にも電力的にも完全に分離された地域に配置され、リージョン内のAZ間の距離は数kmから100km圏内に配置されております。

更に、各アベイラビリティーゾーン間も高速なネットワークで接続されております。

日本は災害が多い国なので、地震や台風といった自然災害が発生した際にデータセンターレベルでの障害が発生したとしても、2つのAZで同時に影響を受けないように考えられています。東京リージョンでは4つのAZ、大阪リージョンでは3つのAZで構成されています。

▼データセンター、アベイラビリティーゾーン、リージョンの関係

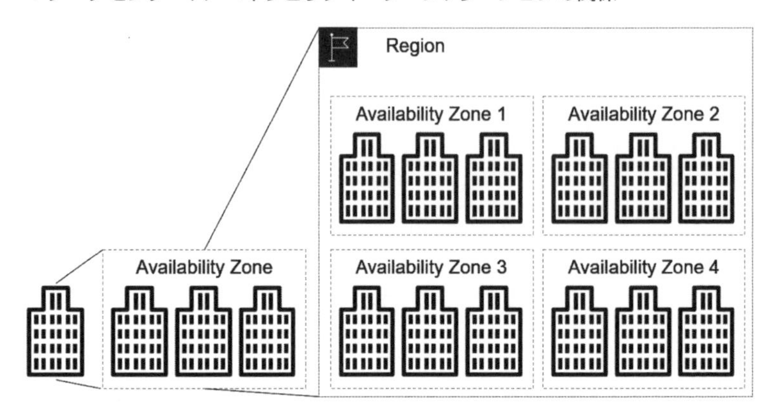

そこで、EC2を使ったシステムの配置のことを考えてみましょう。EC2は、仮想マシンのサービスです。

AWSのデータセンターの物理サーバ上で稼働します。

テスト環境や検証環境といったシステムでは、1つのインスタンスで運用しても問題は無いかもしれません。

では、本番環境はどうでしょうか？　複数のインスタンスで冗長化構成を取る必要が出てきます。

AZに影響のある障害が発生することを想定して、2つ以上のAZを使いましょう。

特に24時間365日お客様が利用されるようなシステムの場合は、必ず2つ以上のAZを利用するようにしましょう。

更にミッションクリティカルなシステムの場合は東京リージョンと大阪リージョンといった、マルチリージョン構成も考える必要もあるでしょう。

IaaSのサービスであるEC2は、AZレベルでのサービスです。

これから紹介する各種サービスでは、リージョンレベルサービスも出てきます。

運用エンジニアとして、データ復旧や災害対策を考える上で各サービスがどのレベルのサービスかも抑えておきましょう。

■Elastic Load Balancing（ELB）

スケールアウト構成を行うにはそれぞれのインスタンスに対してトラフィック分散を行う必要があります。

そこで考えられたのがロードバランサーです。

ロードバランサーを使うことで、接続されたバックエンドのサーバーに対して、トラフィックを分散して送信することができるようになりました。

▼ELB

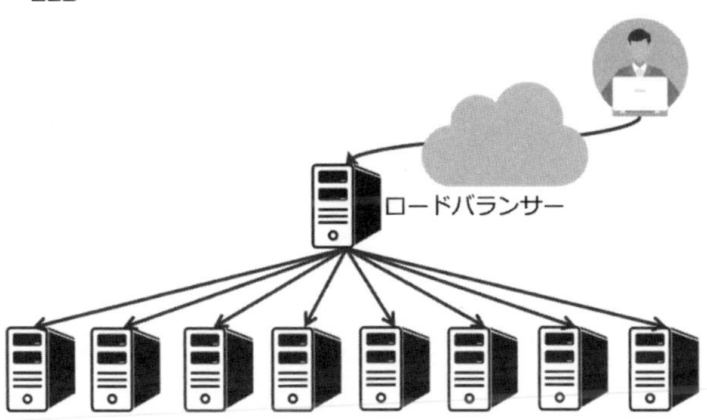

初期の頃はロードバランサーをEC2で作られていた方もいましたが、ロードバランサー自体が単一障害点となってしまいます。

マルチAZ構成が実現できなくなってしまいます。そこでAWSはマネージドな仮想ロードバランサーのサービスを開発しました。

Elastic Load Balancing　(ELB) は仮想ロードバランサーのサービスです。

オンプレミスでは難しかったデータセンター間を跨いだロードバランシングが可能です。

▼ELBの配置

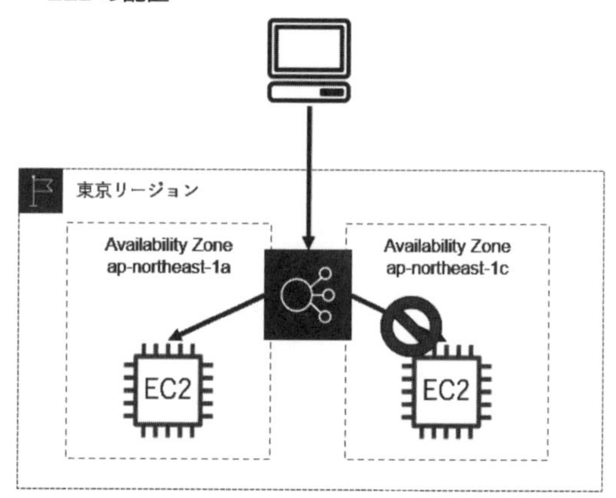

例えば、シングルAZで構成されたシステムの場合、該当のAZに障害があった際にビジネスは影響を受けてしまいます。

ELBを利用することで、マルチAZでのEC2の運用ができますので障害があった際にも影響の無いAZ側のEC2インスタンスにトラフィックを振り分けることでビジネス継続が可能となります。

それでは、ELBは単一障害点になるのでしょうか？　上の図を見ていただくとわかるように、ELBは複数のAZに跨るように設定してあります。

内部的にはELBのノードと呼ばれるインスタンスが複数個起動しており、アクセス量が集中した際にはELBのノードも自動的にスケールアウトしてリクエストに対応します。

「そのため、ELBは単一障害点とはなりえません。」

ELBには4つのタイプがあります。

アプリケーションのニーズに応じて、最適なロードバランサーを選択することができます。

・Application Load Balancer（ALB）
・Network Load Balancer（NLB）
・Gateway Load Balancer（GWLB）
・Classic Load Balancer（CLB）

■Application Load Balancer（ALB）

Webアプリケーション等で柔軟なスケーリングを行うためには、Application Load Balancerの使用を推奨します。

ALBはOSI参照モデルのアプリケーション層（レイヤー7）で動作し、リクエストの内容に基づいてターゲットに負荷分散を行います。
ALBでは、マイクロサービスやコンテナベースのアプリケーションといった最新のアプリケーションアーキテクチャをサポートする高度なリクエストルーティングを実現できます。

ALBでは、2つのオープンスタンダードのプロトコル（WebSocketとHTTP/2）に対応しており、ターゲットのインスタンスとコンテナの状態を詳細に確認できる機能も備えています。
コンテナまたはEC2インスタンスで実行されるウェブサイトやモバイルアプリケーションでは、ALBを活用できます。

ALBは非常に多くのシナリオで使用できます。その1つは、コンテナを使ってマイクロサービスをホストし、単一のロードバランサーからそれら複数のアプリケーションへとルーティングする機能です。ALBでは、さまざまなリクエストを同じインスタンスにルーティングしながら、ポートによって経路を変えることができます。
別々のコンテナがさまざまなポートで待ち受けしている場合、ルーティングルールを設定すれば、任意のバックエンドアプリケーションのみにトラフィックを分散させることも可能です。

Application Load Balancerは、HTTPとHTTPSトラフィックの高度な負荷分散に最適です。

■Network Load Balancer（NLB）

非常に高度なパフォーマンスと静的IPがアプリケーションで必要な場合は、Network Load Balancerを利用して行います。

NLBはOSI参照モデルのトランスポート層（レイヤー4）で動作し、TCPやUDP等のプロトコルのデータに基づいてコネクションをターゲットにルーティングします。

NLBは、1秒に数千万件のリクエストを処理しながら、高スループットを超低レイテンシーで維持できるよう設計されています。

また、レイテンシーは最低限に抑えられ、ユーザーによる作業も必要ありません。

TCPやUDP等のプロトコルのデータに基づいて、Amazon EC2インスタンス、コンテナ、IPアドレスといったターゲットに接続をルーティングします。

NLBには、ALBとのAPI互換性があります。例えば、ターゲットグループやターゲットをプログラムで完全に制御できます。

NLBは、アベイラビリティーゾーンごとに単一の静的IPアドレスを使用して、突発的で変動しやすいトラフィックパターンに対応できるよう設計されています。

Network Load Balancerは、TCPトラフィックの負荷分散に最適です。

■Gateway Load Balancer（GWLB）

このロードバランサーを使用すると、AMIの項目で解説するAWS Marketplaceにて提供されるサードパーティーの仮想アプライアンスを簡単にデプロイやスケールの管理ができます。

複数の仮想アプライアンスにトラフィックを分散させつつ、需要に基づいてスケールアップまたはスケールダウンするゲートウェイを提供します。

GWLBはOSI参照モデルのネットワーク層（レイヤー3）で動作し、サードパーティーの仮想アプライアンスへ透過的に渡すため、トラフィックの送信元や送信先からは見えません。

ネットワークの潜在的な障害点が削減され、可用性が向上します。

AWS Marketplace等で提供される、サードパーティーの仮想アプライアンスにて、GWLBの利用が指定された場合にこちらのロードバランサーを利用しましょう。

■Classic Load Balancer（CLB）

こちらのロードバランサーは古いタイプのAWSのロードバランサーで、旧来のEC2-Classicインスタンスとの、互換性維持のために残されております。

EC2-Classicネットワーク内で構築された既存のアプリケーションがある場合は、Classic Load Balancerを使用する必要があります。

特殊な要件でのみ利用するロードバランサーです。

▼各、ロードラバランサーの機能比較

	Application Load Balancer (ALB)	Network Load Balancer (NLB)	Gateway Load Balancer (GWLB)	Classic Load Balancer (CLB)
ヘルスチェック	○	○	○	○
CloudWatchメトリクス	○	○	○	○
アクセスログ記録	○	○	○	○
SSLオフローディング	○	○		○
Connection Draining	○			○
送信元IPアドレスの保持		○	○	
静的IPのサポート		○		
ターゲットとしてのLambda関数	○			
リダイレクト	○			
固定レスポンスアクション	○			

●ヘルスチェック

Elastic Load Balancingでは、以下のタスクを実行できます。

・異常なターゲットを検出する
・異常なターゲットへのトラフィック送信を停止する
・残りの正常なターゲットに負荷を分散する

●Amazon CloudWatchメトリクス

アプリケーションのパフォーマンスをリアルタイムでモニタリングするために、ELBではAmazon CloudWatchメトリクスとリクエスト追跡を統合しています。

●ログ記録

アクセスログ機能を使用して、ロードバランサーに送信されるすべてのリクエストを記録できます。ログは、後で分析できるようにAmazon S3に保存されます。

●Secure Sockets Layer（SSL）オフローディング

SSL終端をELB側で行なえます。それぞれのEC2インスタンスにてSSL終端を行う必要がなくなり、運用の手間を軽減することが可能となります。また、SSL終端にかかるコンピューティング性能を考慮しなくて良くなるためそれぞれのインスタンスのサイズを小さくできることもあります。

●Connection Draining（登録解除の遅延）

ELBは、進行中の処理が終わるまで、ターゲットの登録解除を指定秒数待ちます。

●送信元IPアドレスの保持

Network Load Balancerではクライアント側の送信元IPが保持されるため、クライアントのIPアドレスをバックエンドで参照できます。アプリケーションはその後の処理でその送信元IPを使用できます。

●静的IPのサポート

Network Load Balancerでは、アベイラビリティーゾーン（サブネット）ごとに静的IPを自動的に提供します。その後、アプリケーションは、ロードバランサーのフロントエンドIPとしてその静的IPを使用できるようになります。

●ターゲットとしてのAWS Lambda関数

Application Load Balancerは、HTTP(S)リクエストを処理するAWS Lambda関数の呼び出しをサポートしています。ユーザーはウェブブラウザなどの任意のHTTPクライアントからサーバーレスアプリケーションにアクセスできるようになります。

●リダイレクト

Application Load Balancerでは、受信リクエストをあるURLから別のURLにリダイレクトさせることができます。

●固定レスポンスアクション

固定レスポンスアクションを使用すると、HTTPエラーレスポンスコードが付けられた受信リクエストと、ロードバランサーのカスタムエラーメッセージに対する応答を設定できます。

▶ Amazonマシンイメージ（AMI）

Amazonマシンイメージ（AMI）とは、EC2インスタンスを作成する際に必要な情報がまとめられたものです。

AMIを利用することで、同じ環境のEC2インスタンスを何台でも作成することが可能です。

▼ AMI

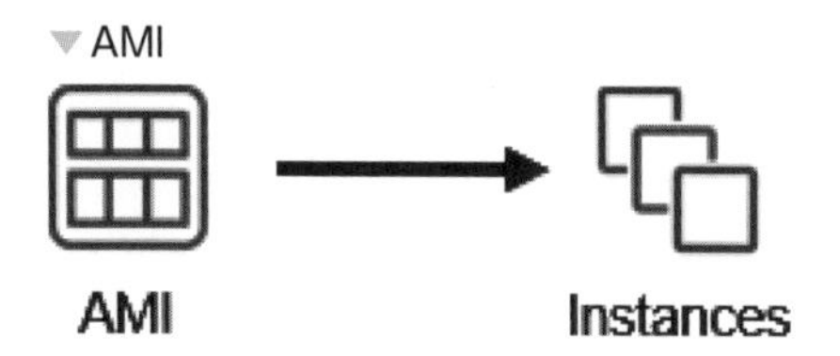

AMIは大きく分けて、4種類の形態のものが提供されます。

・クイックスタートAMI
・自分のAMI（myAMI）
・AWS Marketplace
・コミュニティAMI

■クイックスタートAMI

クイックスタートAMIはAWSがすべてのユーザに提供する標準的なEC2インスタンスのAMIです。

Amazon Linux、Ubuntu Linux、各種Microsoft Windows Server、Red Hat Enterprise Linux、SUSE Linux Enterprise Server、macOS、Debian LinuxなどのOSと、EC2仮想マシンのデバイスドライバがインストール済みで用意されています。Microsoft SQL Server等といったミドルウェアが導入済みのAMIや、Deep Learning向けのAMIも提供されています。

まず最初のEC2インスタンスの環境を作成する際に利用します。

▼クイックスタートAMI

■自分のAMI（myAMI）

自分のAMI（myAMI）とは、私達ユーザーが作成するAMIです。クイックスタートAMI等を利用して作ったEC2インスタンスに自分たちでミドルウェアを導入したり、アプリケーションの導入や設定を行った環境を自分専用のAMIとして作成することができます。

2台目、3台目といった環境を作る際にそれぞれのEC2インスタンスに同様の環境構築をすること無く、自分のAMI（myAMI）から同じ構成のEC2インスタンスを作成することができます。

下記の画像では、Amazon Linux2をベースにMySQLをインストールした環境を自分専用のAMIとして作成しています。

運用の際、稼働中のEC2インスタンスから自分のAMIを作成しスケールアウト構成や、バックアップとして利用することが可能です。

自分のAMIは他のAWSアカウントと共有することや、公開することも可能です。

▼自分のAMI

■AWS Marketplace

AWS MarketplaceはAWSのパートナー企業が自社製品の仮想アプライアンス等をセットアップし登録しているAMIです。

各パートナー企業の自社製品のソフトウェアやミドルウェアがあらかじめインストールされて提供されてます。現在5000を超えるAMIが各社から提供されています。

AWS Marketplaceで提供されているAMIは、EC2上での動作確認済みですので、ご自分たちでクイックスタートAMIにアプリケーションをインストールして動作確認やテストを行う工数を大幅に削減することができます。

また、従来物理セキュリティアプライアンスや、物理ネットワークアプライアンスで提供されていた機器が、仮想アプライアンスとしてAMIで提供されていますのでオンプレミスの構成をAWS上に移設できるケースもあります。

ライセンス料や課金周期に関しては、各AMIを提供する側にて決定されており、ライセンス料込みのAMIやBYOLライセンスのAMIも提供されています。

▼Marketplace

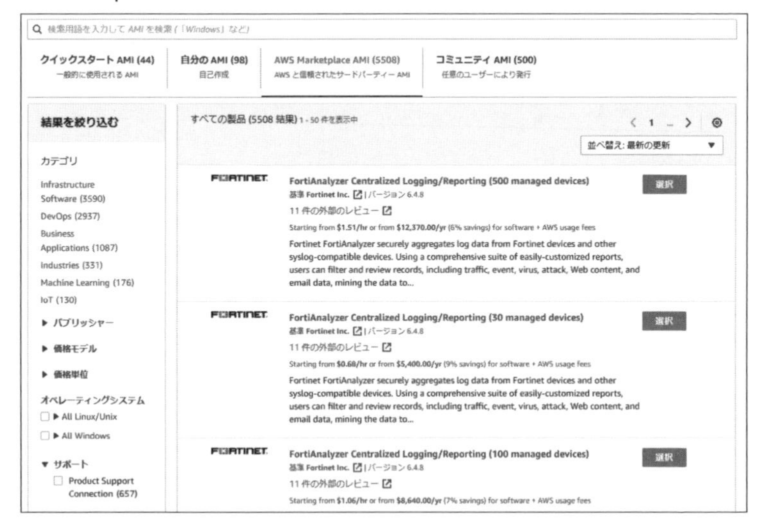

■コミュニティAMI

コミュニティAMIは一般公開されているAMIです。誰でもコミュニティAMIにAMIを登録することが可能です。

クイックスタートAMI、自分のAMI(myAMI)、AWS Marketplaceに使用したいAMIがない場合にこちらから選択します。

▼コミュニティAMI

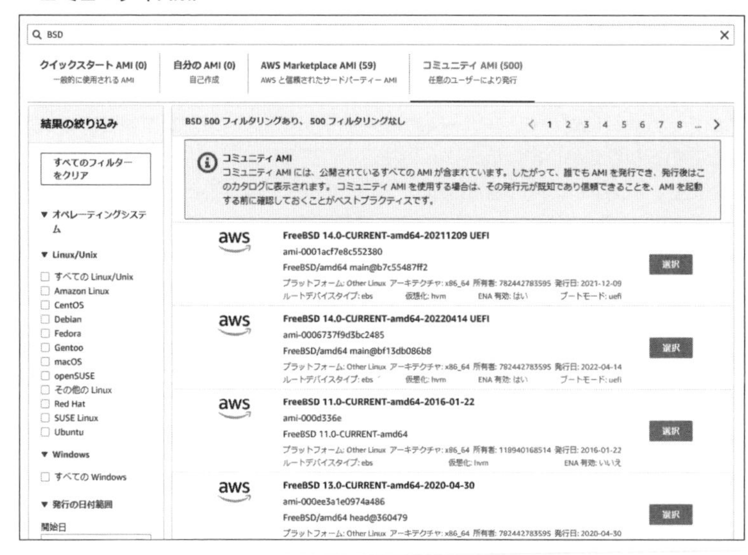

Amazon EC2 Image Builder

EC2 Image Builderは、AWSまたはオンプレミスで使用するための仮想マシンとコンテナイメージの作成、テスト、メンテナンス、検証、共有およびデプロイを簡素化するサービスです。

皆さんは、今後多くの自分のAMI（myAMI）を作っていくことになります。

仮想マシンとコンテナのイメージを最新のものに保つ作業には時間がかかり、リソースが大量に必要で、エラーが入る原因となりがちです。

現在のところ、VMを手動でアップデートし、スナップショットを作成するか、チーム作業によってイメージを保守する自動化スクリプトを作成するかのいずれかの手段しかありません。

Image Builderは、シンプルなグラフィカルインターフェイス、組み込みの自動化、およびAWSが提供するセキュリティ設定により、イメージを最新でセキュアなものにするための労力を大幅に軽減します。Image Builderを使えば、イメージをアップデートするためのステップを**手動**で実施したり、独自の**自動化**パイプラインを構築したりする必要はなくなります。

■ Auto Scaling

システム負荷に対して、リソースの増減を行うことは従来オンプレミスのシステムでも行われておりました。

ただし、オンプレミスの場合はリソースを減らすということは減価償却期間といった観点からも困難なケースが多く、需要予測に対して無駄になりがちなスケーリング戦略を取らざるを得ませんでした。

クラウドの場合は、短時間でリソースの確保や、リソースの廃却を行うことができます。ただし、これを運用者が手動でスケーリングを行っていては24時間システムに張り付く必要が出てきます。そこで考えられたのがAuto Scalingの仕組みです。

▼需要とキャパシティ

Auto Scalingを使用すると、どの時点でリソースが必要かを予測する必要がなくなります。

必要なリソースが、状況や時間によって変化するシステムは珍しくありません。

業務アプリケーションでは、業務時間内の利用が多く、業務時間外の利用が減るか、もしくは利用しません。

コンシューマー向けのサービスでは、昼間の利用が多く、夜間の利用が減る傾向があります。

また、コンシューマー向けのサービスの場合、提供者の推測を超えた利用量が発生する場合もあります。

● Amazon EC2 Auto Scaling

Amazon EC2 Auto Scalingは、Amazon EC2インスタンスを自動的に作成または削除するように設計されたフルマネージドサービスです。

アプリケーションの負荷を処理するのに適した数のAmazon EC2インスタンスを確保することができます。

▼オートスケーリングの要素

■起動設定/テンプレート

起動設定および、起動テンプレートにはインスタンスを起動するための設定を設定します。

EC2インスタンスを手動で起動する際に設定していた内容が含まれます。

起動設定および、起動テンプレートは、EC2 Auto Scalingにて、『何を起動するか』と覚えていただくとよいでしょう。

●インスタンスを起動するため設定

・インスタンスタイプ
・セキュリティグループ
・インスタンスのキーペア
・Amazonマシンイメージ(AMI)
・ストレージ
・AWS Identity and Access Management(IAM)ロール
・ユーザーデータ

●起動テンプレートと起動設定について

元々、Auto Scalingでは、起動設定が利用されていました。

しかし、Auto Scalingを利用して運用を続けていく中で開発、本番、ステージング環境といった環境ごとの起動設定や、起動設定の世代管理等の課題が出てきました。

起動設定を利用していた際には、それぞれのAuto Scaling設定の起動設定を変更する必要があります。

同様の設定変更に関しても、それぞれのAuto Scaling設定に同様の変更を入れる必要があります。

▼起動テンプレートのバージョン

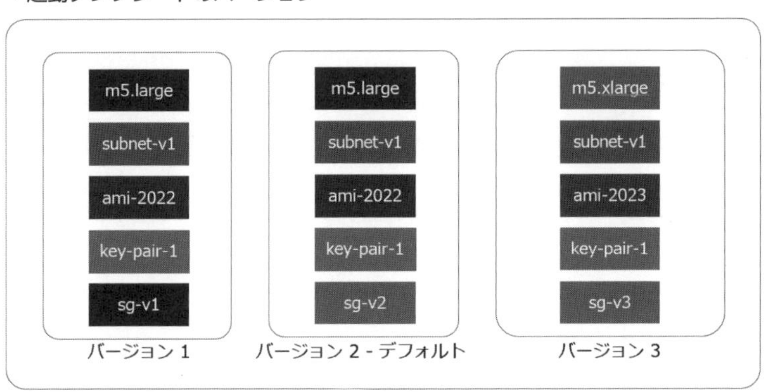

ここで生まれたのが、起動テンプレートです。

起動設定の代わりに起動テンプレートを定義すると、バージョンの異なる複数のテンプレートを利用できます。

バージョニング機能を使用すれば、フルセットのパラメータのサブセットを作成し、それを再利用して他のテンプレートやテンプレートバージョンを作成できます。例えば、一般的な設定パラメータを指定するデフォルトのテンプレートを作成します。異なるパラメータを指定して、同じテンプレートの別バージョンにすることができます。

メンテナンス性の観点から起動設定の利用は非推奨であり、起動テンプレートを利用するようにしましょう。

●起動テンプレートでサポートされている機能

・バージョニング
・再利用
・更新

●起動設定ではできないこと

・スポットインスタンスとオンデマンドインスタンスの両方を起動するAuto Scalingグループ、または複数のインスタンスタイプを指定するAuto Scalingグループの作成
・起動設定の作成後の変更
Auto Scalingグループの起動設定を変更するには、起動設定の作成後、その起動設定を使用してAuto Scalingグループを更新する必要があります。

●起動テンプレートと起動設定の利用可能な範囲

起動設定はAuto Scalingグループに固有です。それぞれのAuto Scalingグループに設定する必要があります。

起動テンプレートは、Auto Scalingグループだけでなく、EC2インスタンスの起動でも利用できます。

■Auto Scalingグループ

Auto ScalingグループはAmazon EC2インスタンスの集合であり、オートスケーリングと管理を目的とする論理グループとして扱われます。

Auto Scalingグループでは、起動テンプレートや起動設定にて指定された、EC2インスタンスの起動先のVPCやサブネット、紐づけるロードバランサーを指定します。

Auto Scalingグループは、EC2 Auto Scalingにて、『どこで起動するか』と覚えていただくとよいでしょう。

Auto Scalingグループは、希望する容量や、その他Amazon EC2がインスタンスを起動するために必要な情報（アベイラビリティーゾーン、VPCやサブネットなど）を指定します。

容量については、固定数のインスタンスを設定することもできますし、オートスケーリングを活用して需要に応じて調節することもできます。

そして、それぞれのEC2インスタンスに振り分けを行うために、Elastic Load BalancerをAuto Scalingグループにアタッチします。

ELBは、すべての受信ウェブトラフィックを処理する単一点として機能し、実行中のすべてのEC2インスタンスにトラフィックを自動的に分散します。

▼Auto Scalingグループ

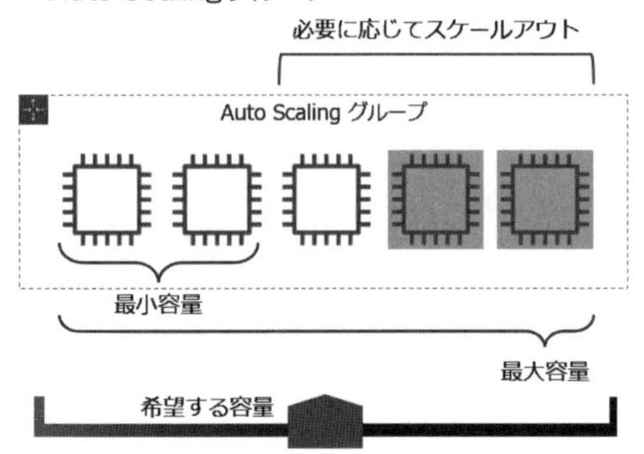

　Auto Scalingグループで実行されるインスタンスの数は、最小容量、最大容量、および希望する容量の3つの設定によって制御されます。

●最小容量

　一定数のAmazon EC2インスタンスが常に実行されていることを確認します。

●最大容量

　需要の増加に対応するために、Amazon EC2 Auto Scalingで必要に応じてAmazon EC2インスタンスの数を増減できます。
　最大容量を超えてスケーリングは行われません。

●希望する容量

　希望する容量は変数になっており、最小容量以上、最大容量以下の値を指定します。
　希望する容量を変更することで、Auto ScalingグループはEC2インスタンスを起動または終了させます。
　この値は、原則としてスケーリングポリシー、Auto Scalingイベント、Lambda関数などによって自動的に設定されますが、変更の影響を確認するためにコンソールから直接編集することもできます。

　例えば、このグループでは、インスタンス数の最小サイズが2、希望する容量が3、最大サイズが5となっています。スケーリングポリシーを定義すると、指定した条件に基づいて最小数と最大数の間でインスタンス数が調整されます。

■Auto Scalingポリシー

Auto Scalingポリシーでは、Amazon CloudWatchメトリクスとアラームを使用してアクションをトリガーする設定を行います。

たとえば、Auto Scalingグループ内のEC2インスタンスの平均CPU使用率が80%を超えた際に、CloudWatchアラームを設定するとします。この場合、CPU使用率が80%を超えるとスケーリングポリシーがトリガーされ、EC2インスタンスが追加されます。

また、時間帯によってトラフィックが急増することがわかっている様なシステムの場合は、特定の時刻になったらEC2インスタンスが追加されます。

Auto Scalingポリシーは、EC2 Auto Scalingにて、『いつ起動するか』と覚えていただくとよいでしょう。

●ポリシーをトリガーする方法

・Amazon CloudWatchメトリクスを用いた動的スケーリング
・スケジュール
・インスタンス障害（ヘルスチェック）
・手動

●　ポリシーを実行する際に設定するクールダウン/ウォームアップ期間

●クールダウン期間

先行するスケーリングによる効果が表れる前に、別のスケーリングが重複して実行されることを防ぐことができます。

●ウォームアップ期間

ステップポリシーを作成している場合、新しく作成されたインスタンスのウォームアップにかかる秒数を指定できます。インスタンスは、指定したウォームアップ期間が終了するまで、Auto Scalingグループの集合メトリクスの対象になりません。

●動的スケーリング

動的スケーリングポリシーには、簡易（シンプル）、ステップ、ターゲット追跡の3種類があります。

●簡易（シンプル）スケーリングポリシー

簡易（シンプル）スケーリングポリシーでは、Amazon CloudWatchメトリクスの単一の評価値に基づいて、Auto Scalingグループの『希望する容量』を増減します。スケーリングアクティビティが開始されると、ポリシーは、スケーリングアクティビティが終了し、クールダウン期間が満了するまで待機してから、追加のアラームに応答します。
簡易（シンプル）スケーリングでは、スケーリングプロセスをトリガーするCloudWatchアラームのスケーリングメトリクスとしきい値を選択します。また、指定した評価期間内にしきい値を超えた場合のAuto Scalingグループのスケーリング方法も定義します。
簡易スケーリングポリシーを使用する場合、下記のタスクの設定を行います。

①スケーリングポリシーのCloudWatchアラームを作成する。
②アラームのしきい値を指定する。
③インスタンスを追加するか削除するか、その数を定義する。または、グループを特定のサイズに設定する。

●ステップスケーリングポリシー

ステップスケーリングポリシーは、AmazonCloudWatchメトリクスの上限と下限、スケーリング方法を複数設定したステップ調整と呼ばれる一連のスケーリング調整に基づいて、AutoScalingグループの『希望する容量』を増減します。
上限と下限の間になると指定のスケーリングが実施されます。
単純なスケーリングポリシーとは異なり、スケーリングアクティビティの進行中でも、追加のアラームに応答できます。
スケーリングポリシーとして、簡易（シンプル）スケーリングポリシーよりも推奨されています。
ステップスケーリングポリシーを使用する場合、下記のタスクの設定を行います。

①スケーリングポリシーのCloudWatchアラームを作成する。
②アラームの上限しきい値と下限しきい値を指定する。
③インスタンスを追加するか削除するか、およびその数を定義する。または、グループを特定のサイズに設定する。

●ターゲット追跡スケーリングポリシー

ターゲット追跡スケーリングポリシーは、特定のAmazon CloudWatchメトリクスのターゲット値に基づいて、Auto Scalingグループの『希望する容量』を増減します。スケーリングメトリクスに特定のターゲット値（例えば平均CPU利用率80%等）を設定すると、Amazon EC2 Auto ScalingはCloudWatchアラームを作成して管理し、メトリクスが指定されたターゲット値を追跡し続けるように自動的にスケールイン、スケールアウトを行います。設定項目が少なく、スケーリング設定を大変容易に設定できるポリシーです。

スケーリングメトリクスを選択してターゲット値を設定します。裏側ではEC2 Auto Scalingにより、このスケーリングポリシーをトリガーするCloudWatchアラームが作成、管理されます。追跡ポリシーでは、メトリクスとターゲット値に基づいてスケーリング調整値が計算されます。スケーリングポリシーにより、キャパシティーは必要に応じて追加または削除され、メトリクスで指定したターゲット値またはターゲット値に近い値で維持されます。ターゲット追跡スケーリングポリシーは、メトリクスをターゲット値に近い値で維持することに加え、変化する負荷パターンによるメトリクスの変化にも適応します。

事前定義されたメトリクス

- ASGAverageCPUUtilization - Auto Scalingグループの平均CPU使用率
- ASGAverageNetworkIn - すべてのネットワークインターフェイスでAuto Scalingグループが受信した平均バイト数
- ASGAverageNetworkOut - すべてのネットワークインターフェイスでAuto Scalingグループが送信した平均バイト数
- ALBRequestCountPerTarget - Application Load Balancerターゲットグループ内のターゲットごとに完了したリクエストの数

使用率のメトリクスに応じてスケーリングする場合は、ターゲット追跡スケーリングポリシーの使用が推奨されています。

スケジュールに基づいたスケーリング

スケジュールに基づいたスケーリングにより、予想可能な負荷の変化に応じてアプリケーションをスケールできます。例えば、企業の基幹システムでは始業時間が近づく朝8時にトラフィックの多い状態が維持され、定時後の18時以降は減少し始めるといったパターンがあるとします。このような場合は、予測可能なトラフィックパターンに基づいてキャパシティーの拡大や縮小を計画できます。

スケジュールに基づいてスケールするようにAuto Scalingグループを設定するには、スケジュールされたアクションを作成します。このスケジュールでは、指定した時間にスケーリングアクションを実行するようにAmazon EC2 Auto Scalingを設定します。

スケジュールに基づくスケーリングアクションを作成するには、主に以下について設定します。
・スケーリングアクションを有効にする開始時間
・スケーリングアクションの新しい最小サイズ、最大サイズ、希望する容量

指定した時間になると、Amazon EC2 Auto Scalingにより、スケーリングアクションで指定した最小サイズ、最大サイズ、希望する容量の値でグループが更新されます。

予測スケーリング

AWSでは予測スケーリングも使用できます。
予測スケーリングでは、定期的に発生するスパイクを含む、将来のトラフィックを毎日および毎週の傾向に基づいて予測します。そして、予測した変化が起きる前に適切な数のEC2インスタンスをプロビジョニングします。差し迫った負荷の変動に対しても、前もってキャパシティーがプロビジョニングされるため、より迅速な自動スケーリングが実現します。予測スケーリングでは、機械学習アルゴリズムによって毎日および毎週の変動パターンが検出され、予測値が自動的に調整されます。そのため、EC2 Auto Scalingパラメータを常に手動で調整し続ける必要がなくなります。

予測スケーリングは、定期的なトラフィックのスパイクがあるウェブサイトやアプリケーションに最適です。一方、負荷に予測不可能なスパイクがあるような状況に対応するようには設計されていません。

2 マネージドサービスを利用した信頼性の向上

▶AWS Auto Scaling

AWS Auto Scalingは、AWSの各種サービスを統合的に管理できるように開発された新しいAuto Scalingサービスです。

安定した予測可能なパフォーマンスを可能な限り低コストで維持するためにアプリケーションをモニタリングし、容量を自動で調整します。

複数のサービスにまたがる複数のリソースのためのアプリケーションスケーリングを数分で簡単に設定できます。

AWS Auto Scalingは、パフォーマンス、コスト、またはそれらのバランスを最適化できるようにする推奨事項によって、スケーリングをシンプル化します。

Amazon EC2 Auto Scalingをすでに利用されている場合は、AWS Auto Scalingと組み合わせてAWSのその他サービスの追加リソースをスケールすることができます。

■AWS Auto Scalingの対応しているサービスの例

●Amazon EC2

Amazon EC2 Auto Scalingグループ内でAmazon EC2インスタンスの起動または終了

●Amazon EC2スポットフリート

Amazon EC2スポットフリートのインスタンスの起動または終了

料金やキャパシティーが原因で中断されているインスタンスの自動に置き換え

●Amazon ECS

負荷の変動に合わせてECSサービスの必要数の調整

●Amazon DynamoDB

DynamoDBテーブルまたはグローバルセカンダリインデックスで、プロビジョニングされている読み込み、書き込みキャパシティーの増加

スロットリングなしでトラフィックの急激な増加に対応

●Amazon Aurora

Aurora DBクラスターにプロビジョニングされているAuroraリードレプリカの数を動的調整

アクティブな接続やワークロードの急激な増加への対応

▶AWS License Manager

AWS License Managerは、複数のベンダーが提供する複数のソフトウェアライセンスの管理についてAWS環境およびオンプレミス環境全体を通してより効率的に行うことができるサービスです。

管理者はAWS License Managerを使用することで、ライセンス契約の条件をエミュレートしたカスタマイズされたライセンスルールを作成できます。AWS License Managerのルールは**ライセンス**違反の防止に役立ちます。インスタンスの作成を**停止**したり、管理者に違反の**通知**を送信したりできます。管理者はAWS License Managerのダッシュボードを使用して、すべての**ライセンス**を把握し、**管理**できます。これにより、ライセンス**超過**によるコンプライアンス不履行、誤報告、追加コストといった**リスク**を軽減できます。

▶AWS Directory Service

AWS Directory Serviceは、ユーザー、グループ、コンピューター、およびその他のリソースといった組織についての情報を含む**ディレクトリ**機能を提供するマネージド型サービスです。

AWS Directory Serviceはマネージド型サービスであり、管理作業の削減を目指して設計されているため、より多くの時間とリソースをビジネスに集中させられます。

高可用性のために込み入ったディレクトリトポロジーを自分で構築する必要はありません。

各ディレクトリが複数のアベイラビリティーゾーンにデプロイされ、モニタリングによって**障害**の発生したドメインコントローラーを自動的に**検出**して置換することが可能なためです。

さらに、データレプリケーションと自動化された日次のスナップショットが設定されます。ソフトウェアのインストールは不要で、AWSがすべてのパッチ適用、およびソフトウェアの更新を処理します。

AWS Directory Service APIまたはマネジメントコンソールを使用して実行されるアクションは、CloudTrail監査ログに記録されます。

▶ AWS Global Accelerator

AWS Global Acceleratorは、AWSのグローバルネットワークインフラを利用して、ユーザーのトラフィックのパフォーマンスを最大60%向上させるネットワーキングサービスです。

通常、AWSの各リージョン内に皆様が構築したシステムのエンドポイントに到達するまでに多くのネットワークを経由します。インターネットが混雑している場合にパケット損失、ジッター、レイテンシーが多く発生してしまいます。

AWSには世界400箇所を超えるエッジロケーションと呼ばれるデータセンターがあり、各エッジロケーションはAWS内部の高速なグローバルネットワークインフラで各リージョンと接続されております。

Global Acceleratorを利用するとユーザーの最寄りのエッジロケーションに接続し、エッジロケーションから先はAWSのグローバルネットワークインフラを利用して該当システムの存在するリージョン内のエンドポイントまで到達するためネットワークパフォーマンス低下を排除できます。

3　章末サンプル問題

Q1.　ある企業が、Apache Cassandraクラスターを使用するアプリケーションを作成しています。このクラスターは、プレイスメントグループ内に展開される予定のAmazon EC2インスタンス上で動作します。SysOpsアドミニストレーターは、コンピュータレイヤーの回復性が最大になるように設計する必要があります。この要件を満たすには、どの展開戦略を使用すればよいですか。

A. パーティションプレイスメントグループを1個のアベイラビリティーゾーンに展開する。
B. パーティションプレイスメントグループを複数のアベイラビリティーゾーンに展開する。
C. クラスタープレイスメントグループを1個のアベイラビリティーゾーンに展開する。
D. クラスタープレイスメントグループを複数のアベイラビリティーゾーンに展開する。

Q2.　SysOpsアドミニストレーターが、Amazon EC2 Auto Scalingグループを新規に作成しました。必要キャパシティは、日中は20インスタンスですが、夜間はあるジョブによって10インスタンスに変更されます。すべてのインスタンスのCPU使用率が20%を下回っている間、400秒ごとに1個のインスタンスを自動削除する必要があります。最も運用効率の高い方法でこのインスタンス数の変更処理を構成するには、どうすればよいですか。

A. CPU利用率が20%を下回る際に、Amazon Simple Notification Service（SNS）を使用してSMSメッセージを送信する。AWS Management Consoleを開き、Auto Scalingグループの必要キャパシティ数を1インスタンス分減らす。
B. Amazon CloudWatchアラームを作成する。CPU使用率が20%を下回った場合、インスタンスを1個削除するターゲット追跡スケーリングポリシーを作成する。

C. Amazon CloudWatchアラームを作成する。CPU使用率が20%を下回った場合、インスタンスを1個削除するステップスケーリングポリシーを作成する。

D. Amazon CloudWatchアラームを作成する。CPU使用率が20%を下回った場合、インスタンスを1個削除する簡易スケーリングポリシーを作成する。

Q3. **ある企業が、新規ワークロードを実行しようとしています。このワークロードは、Amazon EC2 AutoScalingグループ内のAmazon EC2インスタンス上で動作します。この企業は、さまざまなバージョンのEC2構成を保持する必要があります。また、Auto Scalingグループを自動スケーリングし、CPU使用率を60%以下に維持する必要があります。この要件を満たすには、どうすればよいですか。**

A. ターゲット追跡スケーリングポリシーを指定した起動構成を使用するようにAuto Scalingグループを構成する。

B. 簡易スケーリングポリシーを指定した起動構成を使用するようにAuto Scalingグループを構成する。

C. ターゲット追跡スケーリングポリシーを指定した起動テンプレートを使用するようにAuto Scalingグループを構成する。

D. 簡易スケーリングポリシーを指定した起動テンプレートを使用するようにAuto Scalingグループを構成する。

Q4. **ある企業がキャンペーンを開始しようとしています。このキャンペーンのため、今後2か月間、あるワークロードをAmazon EC2インスタンス上で実行する必要があります。このワークロードには、インスタンスのタイプ、サイズ、および機能に関する具体的な要件があります。この期間中、これらのリソースを必要に応じて起動できるようにする必要があります。最も費用対効果の高い方法でこれらの要件を満たすには、何を使用すればよいですか。**

A. ゾーンリザーブドインスタンス

B. Savings Plans

C. オンデマンドキャパシティ予約
D. リージョンリザーブドインスタンス

Q5.　ある企業が、Application Load Balancerの内側にあるAmazon EC2インスタンスフリート上でWebアプリケーションをホストしています。これらのインスタンスは、Amazon EC2 Auto Scalingグループ内で動作しています。この企業は、インスタンス数をスケーリングせず、常に5個にしたいと考えています。最も運用効率の高い方法でこの要件を満たすには、どうすればよいですか。

A. インスタンスに対するAuto Scalingグループを修正する。ターゲット追跡スケーリングポリシーを構成し、ターゲットの値を5に設定する。
B. Auto Scalingグループを削除する。異常状態のインスタンスが検出されたら、新規インスタンスを起動するAWS Lambda関数を呼び出すようにAmazon CloudWatchアラームを構成する。
C. インスタンスに対するAuto Scalingグループを修正する。最小インスタンス数を5に設定する。最大インスタンス数を5に設定する。必要キャパシティを5に設定する。
D. Auto Scalingグループを削除する。異常状態のインスタンスが検出されたら、新規インスタンスを起動するAWS Lambda関数を呼び出すようにAmazon EventBridge（Amazon CloudWatch Events）を構成する。

■正解と解説

Q1.　正解　B

A：不正解です。パーティションプレイスメントグループを使用した場合、ハードウェア障害がアプリケーションに影響を及ぼす可能性が低下します。また、パーティションを同じAWSリージョン内の複数のアベイラビリティーゾーンに配置できます。ただし、このソリューションでは1個のアベイラビリティーゾーンにのみ展開するので、回復性は最大になりません。

B：正解です。プレイスメントグループには、クラスター、パーティション、スプレッドの3種類があります。クラスタープレイスメントグループを使用する場合、インスタンスどうしを物理的に最も近い場所に配置できます。同じクラスタープレイスメントグループ内の各インスタンスでは、TCP/IPトラフィックフローあたりのスループット上限値が高くなり、また、各インスタンスが、ネットワークの同じ高二分帯域幅セグメントに配置されます。ただし、クラスタープレイスメントグループに対しては、単一AZ配置しか使用できません。
回復性が最重要である場合は、パーティションプレイスメントグループまたはスプレッドプレイスメントグループを使用すれば、単一AZ配置とマルチAZ配置のどちらも選択できます。個々のノードは別々のラック上で動作します。パーティションプレイスメントグループを使用する場合、クラスターは、アベイラビリティーゾーン内の物理的に分離された3個のパーティションに分割されます。スプレッドプレイスメントグループを使用する場合、各インスタンスはアベイラビリティーゾーン内の専用ラックに配置されます。プレイスメントグループを選択するうえで、サービスクォータが要因となる可能性があります。

C：不正解です。クラスタープレイスメントグループは、1個のアベイラビリティーゾーン内のインスタンスを論理的にグループ化したものです。このソリューションの場合、ワークロードにおいて、密結合のノード間通信に必要な低遅延のネットワークパフォーマンスを実現できます。ただし、回復性は最大になりません。そのアベイラビリティーゾーン内でハードウェア障害が発生した場合、複数個のEC2インスタンスに影響が及ぶおそれがあるからです。

D：不正解です。クラスタープレイスメントグループは、1個のアベイラビリティーゾーン内のインスタンスを論理的にグループ化したものです。クラスタープレイスメントグループを複数のアベイラビリティーゾーンに拡張することはできません。

Q2.　正解　D

A：不正解です。運用効率に関する要件を満たすには、スケーリングポリシーを使用してソリューションを自動化する必要があります。

B：不正解です。ターゲット追跡スケーリングポリシーでは、このシナリオで述べられている最小値ではなく、ターゲット値を設定します。

C：不正解です。ステップスケーリングポリシーでは、変更するインスタンスのパーセンテージを設定します。しかし、夜間の1個のインスタンスに相当するパーセンテージは、日中の2個のインスタンスに相当するパーセンテージと同じです。このソリューションは要件を満たしません。

D：正解です。CloudWatchアラームがアクティブである場合にアクションを実行するよう、簡易スケーリングポリシーを構成できます。簡易スケーリングポリシーは、スケールインするように構成することもスケールアウトするように構成することもできます。簡易スケーリングポリシーを使用した場合、設定した期間中アクションが繰り返されます。また、決まった数のインスタンスがスケーリングされます。

Q3. 正解 C

A：不正解です。起動設定において、バージョニングはサポートされていません。

B：不正解です。起動設定において、バージョニングはサポートされていません。

C：正解です。起動テンプレートの複数のバージョンを保守できます。たとえば、共通する構成パラメータを定義したデフォルトテンプレートを作成し、他のパラメータを同じテンプレートの別バージョンの中で指定することができます。ユーザーは、起動テンプレートを使用して構成できるさまざまなEC2 Auto Scaling機能に加え、Amazon EC2の新機能も使用できます。ターゲット追跡スケーリングポリシーを使用した場合、ユーザーは、特定のメトリクスのターゲット値に基づいて、グループの現在のキャパシティを増減できます。

D：不正解です。簡易スケーリングポリシーを使用した場合、特定のしきい値におけるメトリクスが保持されません。単一のスケーリング調整値に基づいて、グループの現在のキャパシティが増減します。

Q4. 正解 C

A：不正解です。ゾーンリザーブドインスタンスは、費用対効果が最も高い選択肢ではありません。特定のEC2リソースをプロビジョニングする必要がある期間が、わずか2か月間であるからです。リザーブドインスタンスの最小コミットメント期間は1年です。

B：不正解です。Savings Plansを使用した場合、コストを抑えながら柔軟性を高めることができます。ただし、キャパシティは予約されません。また、インスタンスのタイプ、サイズ、および機能に関する要件を満たすことができません。

C：正解です。オンデマンドキャパシティ予約を使用した場合、特定のアベイラビリティーゾーン内のEC2インスタンスに対するキャパシティを任意の期間予約できます。リザーブドインスタンスおよびSavings Plansでは割引を受けられますが、このキャンペーンの期間が2か月であるため、オンデマンドキャパシティ予約が費用対効果が最も高い選択肢です。

D：不正解です。リージョンリザーブドインスタンスは、費用対効果が最も高い選択肢ではありません。特定のEC2リソースをプロビジョニングする必要がある期間が、わずか2か月間であるからです。リザーブドインスタンスの最小コミットメント期間は1年です。

Q5.　**正解**　C

A：正解です。ターゲット追跡スケーリングポリシーは便利ですが、Auto Scalingグループ内のインスタンス数を常に5個にすることはできません。また、ターゲットに対する特定のメトリクスを選択する必要があります。追跡対象ターゲットを5に設定することはできません。

B：不正解です。Lambda関数は不要です。Lambda関数のコードがなくても、Amazon EC2 Auto Scalingグループにおける要件を満たすことができます。

C：正解です。最小インスタンス数、最大インスタンス数、および必要キャパシティを同じ値に設定することにより、インスタンス数が変動しないAuto Scalingグループを構成できます。あるインスタンスが異常状態になり、Auto Scalingグループ内のインスタンス数が最小数である5を下回った場合、新規インスタンスが自動起動します。最大インスタンス数および必要キャパシティも5に設定した場合、Auto Scalingグループ内のインスタンス数は常に5個になります。

D：不正解です。Lambda関数は不要です。Lambda関数のコードがなくても、Amazon EC2 Auto Scalingグループにおける要件を満たすことができます。

MEMO

SECTION 4

デプロイ、プロビジョニング、およびオートメーション

このセクションでは、システムを保守運用していくにあたり、コンピューティング、ストレージ、データベースなどの各種AWSサービスの概要、運用上抑えておく機能やオプション項目自動化ツールについて解説します。

1 各種コンピューティングサービスを利用したデプロイ、およびプロビジョニング

▶ AWS Lambda

AWS Lambdaは、サーバーレスアーキテクチャー型のアプリケーション実行環境を提供する、イベント駆動型のFaaS (Fanction as a Service) サービスです。

サーバーのプロビジョニングや管理をすることなく、事実上あらゆるタイプのアプリケーションやバックエンドサービスのコードを実行することができます。

Lambdaはリージョンレベルで提供されるマネージドサービスです。

EC2では、コンピューティング性能の見積もりや、スケーリング戦略、稼働するインスタンスのアベイラビリティーゾーンの可用性を検討する必要がありましたが、私たちはアプリケーションの関数と呼ばれるコードを配置し、アクション許可などの設定をするだけでアプリケーションを実行できます。

また、EC2インスタンスで、アプリケーションサーバを運用している場合、ほとんどのケースで24時間365日稼働し続ける必要がありました。

Lambdaでは、OSの運用や管理、ミドルウェアのインストール、設定、メンテナンス、スケールアップ、スケールアウトはAWS側にて行われます。

Lambdaはイベント駆動型として稼働するため、課金は実際に使用したコンピューティング時間に対してのみ発生し、コード（関数）が実行されていないときには料金も発生しません。

そして、Lambdaは割り当てたメモリ容量に応じたミリ秒単位の課金と、リクエスト100万件あたりの課金のため、コスト効率の大幅な改善を行うことができます。

■ Lambdaの制限

Lambdaを運用する上で、考慮が必要な主な制限事項も押さえておきましょう。

▼Lambdaの主な制限事項

項目	制限
同時実行数	リージョンごとに1000 (引き上げ申請を行うことができます。)
関数とレイヤーの合計容量	75GB (引き上げ申請を行うことができます。)
割当メモリ	128MB～10GB
タイムアウト	最長15分(900秒)
関数に設定できるレイヤー	5レイヤー
関数ごとのデプロイパッケージ	アップロード時のZIP容量50MB レイヤーを含む解凍合計サイズ250MB
/tmpディレクトリの容量	512MB～10GB

■Lambda@Edge

Lambdaはリージョンレベルサービスですが、Lambda@Edgeを利用するとエッジロケーションでの実行が可能です。

Lambda@Edgeは、Amazon CloudFrontの機能でアクセスするエンドユーザーに近いロケーションでコードを実行できるため、パフォーマンスが向上し、待ち時間が短縮されます。

ただし、Lambdaに比べると対応するプログラミング言語が限られています。

▶Amazon API Gateway

Amazon API Gatewayは、APIの公開、保守、モニタリング、セキュリティ保護、運用を簡単に行えるフルマネージドサービスです。

アプリケーションの「入り口」として機能するAPIの作成が可能となり、Amazon EC2上で作ったアプリケーションのAPIや、Lambdaの呼び出し、オンプレミスでを含む任意のWebアプリケーションの管理も行えます。

ユースケースとしては、外部からのアクセスをAPI Gatewayに集約することにより、エンドポイントの暴露の防止や、外部からの攻撃の保護に役立ちます。

API Gatewayでは、以下のタイプのAPIを作成できます。

・REST API
・HTTP API
・WebSocket API

▶ AWS Step Functions

AWS Step Functionsは、マイクロサービスアプリケーションのオーケストレーションサービスです。

Step Functionsを使用すると、アプリケーションのビジネスロジックから独立してアプリケーションのワークフローを定義、管理できるため、より迅速かつ直感的にアプリケーション開発を行うことができます。

例えば、複数のLambda関数でマイクロサービスを構築した際に、Lambda関数同士の直列実行や並列実行、再試行、分岐、などの制御を実装しようとすると、それらの制御ロジックをコーディングしなくてはいけません。

ケースによってはLambdaの1関数あたりの実行時間上限を超えてしまうことがあります。この制御ロジックを簡単に実装できるのがStep Functionsです。

■Step Functionsの特徴

- AWSの各種サービスのAPIをノーコードで実行できる
- 視覚的なワークフローを使用してマイクロサービスを調整する
- Lambda関数を順番に実行できる
- 各ステップを自動的にトリガーして追跡する
- ステップ実行時にエラーが発生した場合の簡単なエラー検出とログ記録機能の提供

▶ Amazon Elastic Container Service (ECS)

Amazon Elastic Container Service (ECS) は、Dockerベースのコンテナ型アプリケーションを実行するためのマネージド型コンテナオーケストレーションサービスです。

コンテナの起動・停止、アクセス制御、信頼性やスケーラビリティの確保等を管理することが可能です。

▶ Amazon Elastic Kubernetes Service (EKS)

Amazon Elastic Kubernetes Service (EKS) は、Kubernetesアプリケーションを実行するためのマネージド型コンテナオーケストレーションサービスです。

自身でKubernetesコントロールプレーンやワーカーノードをインストールして操作することなく、AWSでのKubernetesの実行を容易にすることが可能です。

EKSでは、オープンソースのKubernetesが実行されています。Kubernetesコミュニティで提供されている既存のプラグインやツールがすべて利用可能です。

Amazon EKSで動作するアプリケーションは、オンプレミスのデータセンターで実行されているかパブリッククラウドで実行されているかにかかわらず、標準的なKubernetes環境で動作しているアプリケーションと完全に互換性があります。そのため、コードを修正することなく、標準的なKubernetesアプリケーションをAmazon EKSに簡単に移行できます。

▶AWS Fargate

AWS Fargateはコンテナ向けのサーバーレスコンピューティングサービスです。

従来、コンテナを運用していくにはコンテナを稼働させるためのホストマシンの管理を行わなくてはいけませんでした。

ECSやEKSを使うことで、コンテナ基盤として動いているEC2インスタンスのOSやミドルウェアのアップデートやセキュリティ対策は考慮する必要がありませんでしたが、コンテナクラスターとして使われている、各EC2インスタンスのスケーリング管理は自分たちで行う必要がありました。

Fargateを使用すると、コンテナを実行するために仮想マシンのクラスターをプロビジョニング、設定、スケーリングする必要がなくなります。

また、コスト面でもEC2クラスター上で稼働しているEC2インスタンスに対して課金が発生しました。Fargateを使用するとコンテナが稼働しているときにのみ課金が発生するため、サーバレスを用いたコスト削減といったメリットも享受できます。

AWS Fargateは、Amazon Elastic Container Service（ECS） と、Amazon Elastic Kubernetes Service（EKS）の両方に対応しています。

2 ストレージサービスのデプロイ、およびプロビジョニング

▶Amazon Simple Storage Service (S3)

Amazon Simple Storage Service (Amazon S3) は、大変高い耐久性を実現できるように設計されたオブジェクトストレージサービスです。

■S3の特徴

Amazon S3はオブジェクトストレージのサービスです。ファイルの一部を変更する必要がある場合は、変更を加えた後でそのファイル全体を再度アップロードする必要があります。

Amazon S3では、データを無制限に保存できます。個々のオブジェクトは5TB以下にする必要がありますが、保存するデータ量には制限はありません。

S3はリージョンレベルのサービスで、標準ではAmazon S3に保管されたデータは複数のアベイラビリティゾーン (AZ) に保存され、各AZ内でも複数のデバイスに冗長的に保存されます。

Amazon S3へのアクセスには、ウェブベースのAWSマネジメントコンソール、APIやSDKを使用したプログラミング、APIやSDKを使用するサードパーティーのソリューション等を使用します。

Amazon S3にはイベント通知機能があり、オブジェクトのアップロードやオブジェクトの削除など、特定のイベントが発生した際の自動通知を設定できます。通知は、ユーザーに送信することや、AWS Lambda関数などの他のプロセスをトリガーするために使用することもできます。

■S3ストレージクラス

●Amazon S3標準 (S3標準)

S3標準は、アクセス頻度の高いデータ向けに高い耐久性、可用性、パフォーマンスのオブジェクトストレージを提供します。低レイテンシーと高スループットを提供するため、S3標準は、クラウドアプリケーション、動的なウェブサイト、

コンテンツ配信、モバイルやゲームのアプリケーション、ビッグデータ分析など、幅広いユースケースに適しています。

主な特徴：
・低レイテンシーかつ高スループットなパフォーマンス
・転送中のデータと保管中のデータの暗号化をサポート

● Amazon S3 Intelligent-Tiering（S3 Intelligent-Tiering）

Amazon S3 Intelligent-Tiering（S3 Intelligent-Tiering）は、パフォーマンスへの影響、取り出し費用、運用上のオーバーヘッドなしに、アクセス頻度に基づいてデータを最も費用対効果の高いアクセス階層に自動的に移動することにより、きめ細かいオブジェクトレベルでストレージコストを自動的に削減できるストレージクラスです。

S3 Intelligent-Tieringは、ほとんどのワークロードで利用が可能で、特にデータレイク、データ分析、新しいアプリケーション、およびユーザー生成コンテンツのデフォルトのストレージクラスとして使用できます。

S3 Intelligent-Tieringには取り出し料金は発生しません。低頻度アクセス階層またはアーカイブインスタントアクセス階層にあるオブジェクトに後でアクセスすると、そのオブジェクトは高頻度アクセス階層に自動的に戻されます。取得するオブジェクトがオプションでディープアーカイブ階層に保存されている場合、オブジェクトを取得する前に、まずRestoreObjectを使用してコピーを復元する必要があります。

主な特徴：
・高頻度アクセス階層、低頻度アクセス階層、およびアーカイブインスタントアクセス階層は、S3標準と同じ低レイテンシーと高スループットのパフォーマンスを備えている
・低頻度アクセス階層は、ストレージコストを最大40%節約
・アーカイブインスタントアクセス階層は、ストレージコストを最大68%節約
・まれにしかアクセスされなくなるオブジェクトの非同期アーカイブ機能
・ディープアーカイブアクセス階層は、Glacier Deep Archiveと同じパフォーマンスを発揮し、まれにしかアクセスされないオブジェクトを最大95%節約
・わずかな月額料金でモニタリングと自動階層化が可能

・運用オーバーヘッド、ライフサイクル料金、取得料金、最小ストレージ期間なし
・128KBより小さなオブジェクトはS3 Intelligent-Tieringに保存できますが、常に高頻度アクセス階層料金で課金され、モニタリング料金やオートメーション料金は発生しない

●Amazon S3 標準 - 低頻度アクセス（S3標準 - IA）

S3標準-IAは、アクセス頻度は低いが、必要に応じてすぐに取り出すことが必要なデータに適しています。S3標準-IAは、S3標準と同じ高い耐久性、高スループット、低レイテンシーを低価格のストレージ料金（GB単位）および取り出し料金（GB単位）で提供します。低コストかつ高パフォーマンスのこの組み合わせは、S3標準-IAは長期保存、バックアップ、災害対策ファイルのデータストアとして理想的です。

IAとは、Infrequent Accessの略で低頻度アクセスという意味です。

主な特徴：

・S3標準と同じ低レイテンシーかつ高スループットなパフォーマンス
・アベイラビリティーゾーン全体に影響を及ぼすイベントに対する柔軟性
・転送中のデータと保管中のデータの暗号化をサポート

●Amazon S3 1 ゾーン - 低頻度アクセス（S3 1ゾーン - IA）

S3 1ゾーン - IAは、アクセス頻度は低いが、必要に応じてすぐに取り出すことが必要なデータに適しています。データを少なくとも3つのアベイラビリティーゾーン（AZ）に保存する他のS3ストレージクラスとは異なり、S3 1ゾーン - IAは1つのAZにデータを保存するため、S3標準 - IAよりもコストを20%削減できます。オンプレミスデータまたは容易に再作成可能なデータのセカンダリバックアップのコピーを保存するのに適しています。

S3 1ゾーン - IAは1つのAWSアベイラビリティーゾーンに保存しますので、このストレージクラスに保存されたデータはアベイラビリティーゾーンが破壊されると失われます。

主な特徴：

・S3標準と同じ低レイテンシーかつ高スループットなパフォーマンス
・転送中のデータと保管中のデータの暗号化をサポート

●Amazon S3 Glacier Instant Retrieval

Amazon S3 Glacier Instant Retrievalは、アクセスされることがほとんどなく、ミリ秒単位の取り出しが必要な、長期間有効なデータ用に最低コストのストレージを提供するアーカイブストレージクラスです。S3 Glacier Instant Retrievalを使用すると、四半期に一度データにアクセスする場合、S3標準ストレージクラスを使用する場合と比較して、ストレージコストを最大68%節約できます。S3 Glacier Instant Retrievalは、S3 StandardおよびS3標準 - IAストレージクラスと同じスループットとミリ秒でのアクセスによる、アーカイブストレージへの最速のアクセスを提供します。S3 Glacier Instant Retrievalは、医療画像、ニュースメディアアセット、ユーザー生成コンテンツアーカイブなど、すぐにアクセスする必要のあるアーカイブデータに最適です。

主な特徴：

・S3標準と同じパフォーマンスのミリ秒単位でのデータの取り出し
・S3 Glacier Instant Retrievalに直接アップロードするS3 PUT APIと、オブジェクトを自動移行するためのS3ライフサイクル管理

●Amazon S3 Glacier Flexible Retrieval（旧S3 Glacier）

S3 Glacier Flexible Retrievalは、1年に1～2回アクセスされ、非同期で取り出されるアーカイブデータ向けに、（S3 Glacier Instant Retrievalよりも）最大10%低いコストのストレージを提供します。バックアップや災害対策のユースケースなど、すぐにアクセスする必要はないものの、大量のデータを無料で取り出せる柔軟性が必要なアーカイブデータにとって、S3 Glacier Flexible Retrieval（旧S3 Glacier）は理想的なストレージクラスです。S3 Glacier Flexible Retrievalは、コストと数分から数時間のアクセス時間、および無料の一括検索とのバランスをとる、最も柔軟性が高い取り出しオプションを提供します。バックアップ、災害対策、オフサイトのデータストレージのニーズ、および一部のデータを数分で取り出す必要があり、コストの心配をしたくない場合に理想的なソリューションです。

従来S3 Glacierと呼ばれていたストレージクラスです。S3 Glacierだけ表記がある場合は、Amazon S3 Glacier Flexible Retrievalを指していると読み替えましょう。

主な特徴：

・転送中のデータと保管中のデータの暗号化をサポート

・コストを気にせずに、時に大量のデータを数分で取り出す必要があるバックアップと災害対策のユースケースに最適
・設定可能な取り出し時間（数分から数時間）、無償の一括取り出し

● Amazon S3 Glacier Deep Archive

S3 Glacier Deep Archiveは、AmazonS3の最も低コストのストレージクラスであり、1年のうち1回か2回しかアクセスされないようなデータを対象とした長期保存やデジタル保存をサポートします。特に、金融サービス、ヘルスケア、パブリックセクターなどの規制が厳しい業界のユーザーを対象としており、コンプライアンス要件を満たすためにデータセットを7～10年以上保管するように設計されています。S3 Glacier Deep Archiveは、バックアップや災害対策のユースケースにも使用することができ、オンプレミスのライブラリやオフプレミスのサービスに関係なく、磁気テープの代替策として、費用効率が高く、管理が簡単です。

主な特徴：
・7～10年間保持されるデータの長期保存用に設計された低コストのストレージクラス
・磁気テープライブラリの代替策
・取り出し時間は12時間以内

▼S3ストレージクラスの比較

Amazon S3 ストレージクラス	耐久性	AZ数	可用性	取り戻し料金	最小保管料金
AmazonS3 標準（S3標準）	99.999999999%を達成するよう設計	3つ以上	99.99%	なし	なし
Amazon S3 Intelligent-Tiering (S3 Intelligent-Tiering)	99.999999999%を達成するよう設計	3つ以上	99.9%	なし	なし
Amazon S3 標準－低頻度アクセス（S3標準－IA）	99.999999999%を達成するよう設計	3つ以上	99.9%	あり	30日間

Amazon S3 1ゾーン - 低頻度アクセス (S3 1ゾーン - IA)	1つのアベイラビリティーゾーンのオブジェクトで99.999999999%が得られるように設計	1つ	99.5%	あり	30日間
Amazon S3 Glacier Instant Retrieval	99.999999999%を達成するよう設計	3つ以上	99.9%	あり	90日間
Amazon S3 Glacier Flexible Retrieval (旧S3Glacier)	99.999999999%を達成するよう設計	3つ以上	99.99%	あり	90日間
Amazon S3 Glacier Deep Archive	99.999999999%を達成するよう設計	3つ以上	99.99%	あり	180日間

■ボールトロック機能

ボールトロック機能を使用すれば、アーカイブに対する削除および修正を防ぐことができます。

■S3ライフサイクル設定（ポリシー）

Amazon S3に保存されているデータのライフサイクルを自動化する必要があります。例えば、法令により保管が義務付けられている要件のアクセスログデータ等のケースです。

①ログを作成した直後はS3標準に保管しています。
②30日以上アクセスのないログデータは、即時取り出しが可能で保存料金の安いAmazon S3標準 - 低頻度アクセスへ移行させます。
③90日以上アクセスのないログデータは、アーカイブ・ストレージのAmazon S3 Glacier Deep Archiveへ移行させます。
④3年後や5年後に法令で保管の義務付け終わったデータは、ログデータの削除を行います。

S3ライフサイクルルールを使用すると、Amazon S3の異なるストレージタイプに保存されているデータを定期的に移動させることができます。

これにより、時間の経過によって重要性が低くなったデータの料金を削減できるため、全体的なコストが削減されます。

ライフサイクルルールは、オブジェクトごとに設定することも、バケットごとに設定することもできます。

■S3 Transfer Acceleration

S3 Transfer Accelerationを有効化した場合、クライアントとS3バケットの間が長距離であっても、ファイルを高速かつセキュアに転送できます。

SECTION 3のAWS Global Acceleratorで解説したように、ユーザーの最寄りのエッジロケーションに接続し、グローバルネットワークインフラストラクチャーを利用してS3バケットまで到達するためネットワークパフォーマンスの低下を排除できます。

以下のような場合は、Transfer Accelerationが効果的です。

・一元管理されたバケットに対して世界中のエンドユーザーからアップロードが行われる
・大陸間で定期的にギガバイトからテラバイト単位のデータを転送する
・Amazon S3へのアップロード時にインターネット経由で利用可能な帯域幅を十分に活用できていない

■S3マルチパートアップロード

マルチパートアップロードを使用すると、大容量のオブジェクトを複数のパートに分割して継続的にアップロードできるようになります。

例えば、自社からS3バケットに大容量のファイルをアップロードしようとしても、自社のネットワークにて1セッションあたりの速度制限が設定されており、データ転送に時間がかかるといったケースがあります。

そこで、マルチパートアップロードを使用して複数セッションに分割して並列送信を行うことで、短時間で転送を終えることができます。

マルチパートアップロード機能はAWS SDK、REST API、AWS CLIからそれぞれ利用することが可能です。

▼S3マルチパートアップロードの主な仕様

項目	仕様
最大オブジェクトサイズ	5TB
最大分割数	10,000
分割サイズ	5MB〜5GB マルチパートアップロードの最後のパートには、最小サイズの制限はありません。

■S3アクセスポイント

Amazon S3アクセスポイントは、S3にデータを保存するあらゆるAWSサービスやユーザーのアプリケーションへのデータアクセスの管理を簡素化する機能です。

アクセスポイントは、バケットにアタッチされる**名前付き**ネットワークエンドポイントであり、S3オブジェクトの操作に使用できます。

各アクセスポイントには、そのアクセスポイントを介したすべてのリクエストにS3が適用する個別の**アクセス**許可とネットワークコントロールを設定できます。

従来バケットポリシーのみで管理していたアクセス管理を、アクセスポイントを利用することでアクセス管理の複雑さから開放されます。

S3アクセスポイントは、AWSマネジメントコンソール、AWS CLI、AWS SDK、またはAmazon S3 REST APIを使用して作成できます。

リージョンごとに最大**1,000**のアクセスポイントを作成できます。

1つのリージョンの1つのアカウントに**1,000**を超えるアクセスポイントが必要な場合は、制限の緩和をリクエストできます。

▶S3クロスリージョンレプリケーション（CRR）

異なるAWSリージョンのAmazon S3バケット間でオブジェクトをコピーするには、S3クロスリージョンレプリケーション（CRR）を使用します。

レプリケーションを使用すると、Amazon S3バケット間でオブジェクトを自動で**非同期**的にコピーできます。

オブジェクトのレプリケーション用に設定されたバケットは、同じAWSアカウントが所有することも、**異なる**アカウントが所有することもできます。

クロスリージョンレプリケーションは、次の場合に役立ちます。

・コンプライアンス要件を満たす
・ディザスタリカバリ（DR）対策
・レイテンシーを最小にする
・オペレーション効率を向上する

▶ Amazon Elastic Block Store（EBS）

Amazon Elastic Block Store（EBS）は、EC2で利用する**ブロック**ストレージサービスです。

EC2インスタンスの**OS**領域や、データを保管するための**追加**領域として利用します。

■EBSの特徴

EBSには以下の特徴があります。

・アベイラビリティーゾーン内でレプリケート
・高い耐久性のスナップショット
・ボリュームの暗号化
・容量の変更が可能
・ボリュームタイプの変更が可能

●アベイラビリティーゾーン内でレプリケート

EBSはEC2と同じく、アベイラビリティーゾーンレベルのサービスです。

ただし、EBSで作られる仮想ストレージは**冗長化**され、同一アベイラビリティゾーン内の**複数**のサーバ間で自動的にレプリケートされます。たとえハードウェア障害が発生してもデータが失われることを防ぎます。

●高い耐久性のスナップショット

EBSのバックアップとなるスナップショットはリージョンレベルのS3で保管されますので、AZレベルでの障害が発生したとしても現在のシステムを他の**AZ**のEC2インスタンスに復元することが可能です。

■EBSボリュームタイプ

●ソリッドステートドライブ（SSD）

Amazon EBSによって提供されるSSD-Backedボリュームは、次のカテゴリに分類されます。

汎用SSD

料金とパフォーマンスのバランスに優れています。これらのボリュームは、ほとんどのワークロードに推奨されます。

▼汎用SSDのボリュームタイプ

汎用SSD ボリュームタイプ	gp3	gp2
ボリュームサイズ	1GiB - 16TiB	1GiB - 16TiB
ボリュームあたりの最大IOPS(16KiB I/O)	16,000	16,000
ボリュームあたりの最大スループット	1,000MiB/秒	ボリュームサイズに応じて128MiB/秒～250MiB/秒
ブートボリューム	サポート対象	サポート対象

汎用SSDのEBSには、ヘルスチェック機能が提供されます。

▼汎用SSDのヘルスチェックステータス

ボリュームステータス	説明
ok	IOPSは正常である
warning	パフォーマンスは想定を下回っている
impaired	パフォーマンスは致命的な影響を受けている

Provisioned IOPS SSD

ミッションクリティカルな低レイテンシーまたは高スループットワークロードに適した、高パフォーマンスを提供します。

▼Provisioned IOPS SSDのボリュームタイプ

Provisioned IOPS SSD ボリュームタイプ	io2Block Express	io2	io1
ボリュームサイズ	4GiB～64TiB	4GiB～16TiB	4GiB～16TiB
ボリュームあたりの最大IOPS（16 KiB I/O）	256,000	64,000	64,000
ボリュームあたりの最大スループット	4,000 MiB/秒	1,000 MiB/秒	1,000 MiB/秒
ブートボリューム	サポート対象	サポート対象	サポート対象

io2Block Expressを利用するワークロードは以下のケースの場合です。

・ミリ秒未満のレイテンシー
・持続的なIOPSパフォーマンス
・64,000 IOPSまたは1,000 MiB/秒を超えるスループット

io2、io1を利用するワークロードは以下のケースの場合です。

・持続的なIOPSパフォーマンスまたは16,000 IOPS以上のパフォーマンスを必要とするワークロード
・I/O集約型のデータベースワークロード

Provisioned IOPS EBSボリュームでは、標準のヘルスチェックに加えて、パフォーマンスチェックも実行され、実際のパフォーマンスと正常なパフォーマンスが比較されます。

標準のヘルスチェックステータスで返される値は、ok、warning、impairedです。これら3つのステータスに加えて、io1ボリュームとio2ボリュームのパフォーマンスヘルスチェックでは、normal、degraded、severely degraded、stalled、not availableのステータスも返されます。

▼Provisioned IOPS SSDのヘルスチェックステータス

ボリューム ステータス	I/Oパフォーマンスの ステータス	説明
ok	Normal	IOPSは正常である
warning	Degraded	パフォーマンスは想定を下回っている
	Severely Degraded	パフォーマンスは想定をはるかに下回っている
impaired	Stalled	パフォーマンスは致命的な影響を受けている
	Not Available	I/Oは無効になっている

●ハードディスクドライブ(HDD)

Amazon EBSによって提供されるHDD-Backedボリュームは、次のカテゴリに分類されます。

①スループット最適化HDD

高いスループットを必要とするアクセス頻度の高いワークロード向けの低コストのHDDです。

ユースケースとしては、以下のケースの場合です。

・ビッグデータ
・データウェアハウス
・ログ処理

②Cold HDD

アクセス頻度の低いワークロード向けの最も低コストのHDDです。

ユースケースとしては、以下のケースの場合です。

・アクセス頻度の低いデータ用のスループット指向ストレージ
・低いストレージコストが重視されるシナリオ

▼ハードディスクドライブ（HDD）のボリュームタイプ

ハードディスクドライブ（HDD）ボリュームタイプ	スループット最適化HDD：st1	Cold HDD：sc1
ボリュームサイズ	125GiB～16TiB	125GiB～16TiB
ボリュームあたりの最大IOPS（1MiB I/O）	500	250
ボリュームあたりの最大スループット	500MiB/秒	250MiB/秒
ブートボリューム	サポート外	サポート外

■EBS高速スナップショット復元（FSR）機能

Amazon EBS高速スナップショット復元（FSR）を使用するとスナップショットからボリュームを作成でき、このボリュームは作成時に完全に初期化された状態になります。

これにより、ブロックの初回アクセス時におけるI/Oオペレーションのレイテンシーがなくなります。

高速スナップショット復元を使用して作成されたすべてのボリュームでは、プロビジョンドパフォーマンスがすばやく実現されます。

FSRとは、Fast Snapshot Restoreの略称です。

この機能を利用しない場合、スナップショットから復元する場合には、ボリュームを初期化（事前ウォーミング）する必要があります。

スナップショットから作成されたEBSボリュームの場合、Amazon S3からストレージブロックが取得されてボリュームに書き込まれてからでないと、データにアクセスできません。

この準備アクションには時間がかかり、各ブロックの初回アクセス時はI/O処理の遅延が大幅に大きくなる可能性があります。

ボリュームのパフォーマンスが本来の状態になるのは、すべてのブロックがダウンロードされ、ボリュームに書き込まれた後です。

本番環境でこの復元直後のパフォーマンス低下を回避する方法としては、次の2つがあります。

・ボリューム全体の即時初期化を強制的に実行する。
・スナップショットに対して高速スナップショット復元機能を有効化する。これにより、そのスナップショットから作成されるEBSボリュームが作成時に完全に初期化され、プロビジョニングされたパフォーマンスがすぐに発揮されます。

■EBSを監視する上で代表的なメトリクス

EBSを監視する上で代表的なメトリクスをまとめます。

▼EBSの代表的なメトリクス

メトリクス	
VolumeReadBytes	指定された期間の読み取り容量 (単位:バイト)
VolumeWriteBytes	指定された期間の書き込み容量 (単位:バイト)
VolumeReadOps	指定期間内の読み取りオペレーションの総数 (単位:カウント)
VolumeWriteOps	指定期間内の書き込みオペレーションの総数 (単位:カウント)
VolumeTotalReadTime	指定期間内に完了した操作すべての読み取りオペレーションに要した時間の合計 (単位:秒)
VolumeTotalWriteTime	指定期間内に完了した操作すべての、書き込みオペレーションに要した時間の合計 (単位:秒)
VolumeIdleTime	指定期間内に、読み取りと書き込みのどちらの操作も行われなかった時間の合計 (単位:秒)
VolumeQueueLength	指定期間内に完了を待っていた読み取りおよび書き込みの操作リクエストの数 (単位:カウント)
VolumeThroughput Percentage	Provisioned IOPS SSDボリュームでのみ使用 Amazon EBSボリュームにプロビジョニングされた合計IOPS(1秒間あたりのI/O操作回数)に対する、配信されたIOPSの割合 (単位:パーセント)
VolumeConsumed ReadWriteOps	Provisioned IOPS SSDボリュームでのみ使用 指定された期間内に消費された読み書き操作の合計数(256Kキャパシティーユニットに標準化) (単位:カウント)

メトリクス	
BurstBalance	汎用SSD（gp2）、スループット最適化HDD（st1）、およびCold HDD（sc1）ボリュームにのみ使用 バーストバケットに残っているI/Oクレジット（gp2用）またはスループットクレジット（st1とsc1用）の割合 （単位:パーセント）

▶Amazon Elastic File System（EFS）

Amazon Elastic File System（Amazon EFS）は、AWSクラウドサービスおよびオンプレミスリソースで利用できる、NFSプロトコル対応のマネージド共有ファイルサービスです。

運用面を考えると大変耐久性の高いAmazon S3を利用したいところですが、レガシーなアプリケーションを移行するとなると、APIアクセスへのソースコードの修正が必要になります。

EFSを利用すると、従来利用してきたNFSプロトコルを利用して、レガシーなアプリケーションを修正することなく利用することが可能です。

利用する際には、下記の制限事項に注意してください。

- Amazon EFSファイルシステムは、一度に1つのVPCのインスタンスにのみマウント
- ファイルシステムとVPCは両方とも同じAWSリージョンに配置されている必要がある

▶AWS Storage Gateway

AWS Storage Gatewayは、オンプレミスからクラウドストレージへのアクセスを提供するハイブリッドクラウドストレージサービスです。

Storage Gatewayで利用できる代表的なゲートウェイには以下のものがあります。

- Amazonファイルゲートウェイ
  NFS、SMB
- テープゲートウェイ
  テープ用のiSCSI仮想テープライブラリ（VTL）

・ボリュームゲートウェイ
　iSCSIプロトコルを使用しているブロックストレージボリューム

▶ AWS DataSync

AWS DataSyncは、AWSストレージサービスとの間でのテラバイト単位のデータのコピーを簡素化、自動化、高速化する安全なオンラインデータ転送サービスです。

3　データベースサービスのデプロイ、およびプロビジョニング

▶ Amazon Relational Database Service（RDS）

Amazon Relational Database Service（Amazon RDS）は、マネージド型リレーショナルデータベースサービスです。

クラウド内でリレーショナルデータベースのセットアップ、運用、およびスケーリングを簡単に行うことができます。

RDSは従来オンプレミスで稼働していたシステムのRDBをリフトアンドシフトでクラウド移行する際によく利用されます。

RDSインスタンスを同一のサブネット内に配置したり、DB用サブネット内に配置するといった従来型のシステムとの互換性が考慮されていますので、RDSのインスタンスはアベイラビリティーゾーン内のサブネットに配置されます。

● Amazon RDSのマルチAZ配置

RDSのマルチAZ配置を使用すると、DBインスタンスの可用性と耐久性が向上します。

DBインスタンスを本番データベースのワークロードに無理なく適合させることができます。

プライマリインスタンスで起きた障害に対するスタンバイインスタンスへのフェイルオーバーも自動的に行われます。

マルチAZのDBインスタンスをプロビジョニングすると、Amazon RDSは異なるアベイラビリティーゾーンの同期スタンバイDBインスタンスにデータを複製します。

シングルAZからマルチAZへの環境の変更はいつでも可能です。

▼RDSのマルチAZ配置

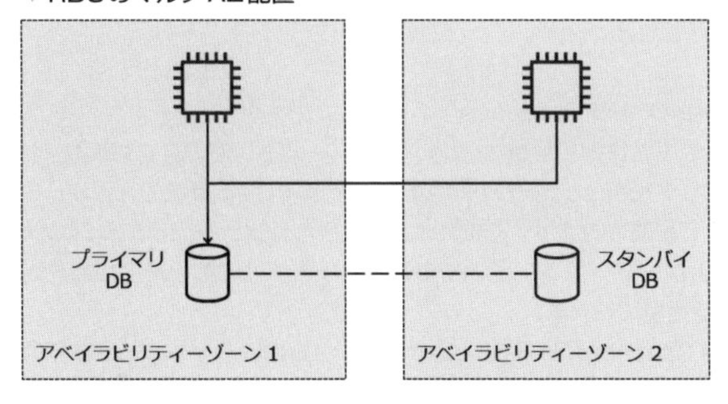

24時間365日ノンストップでの運用が必要なBtoCのWebサービス等で利用するRDSは、必ずマルチAZ構成を取りましょう。

▶ Amazon Aurora

Amazon Auroraは、MySQLとPostgreSQLの完全な互換性を持つ、クラウド用に構築されたリレーショナルデータベース管理システム（RDBMS）です。

Auroraは、MySQLおよびPostgreSQLと完全な互換性があり、既存のアプリケーションやツールを変更することなく実行することができます。

現在、多くの金融機関での採用や、Auroraへの移行が進んでいます。

Auroraでは、最大15個のレプリカを作成することが可能で、大量のアプリケーションリクエストを超低レイテンシーで処理できるようになっています。

また、Auto Scalingをサポートし、ユーザーが指定するパフォーマンスメトリクスの変化に応じて自動的にレプリカを追加、削除します。

■リーダーエンドポイント

リーダーエンドポイントとは、あるAuroraデータベースクラスターに対する使用可能なAuroraレプリカのいずれかに接続するための、そのAuroraデータベースクラスター用のエンドポイントのことです。

各Auroraデータベースクラスターにリーダーエンドポイントが1個備わっています。

Auroraレプリカが複数存在している場合、リーダーエンドポイントによって、各接続リクエストがいずれかのAuroraレプリカに振り向けられます。

そのため、アプリケーションから接続するためにレプリカの追加や削除を追跡しておく必要がありません。

■Amazon Aurora Global Database

Amazon Aurora Global Databaseはマルチリージョンでの災害対策や、グローバル分散アプリケーションなどで利用するサービスです。複数のAWSリージョンにまたがって配置されます。これにより、低レイテンシーのグローバル読み取りを実現し、万が一リージョン全体に影響が及ぶ可能性のある停止が起きても、すばやい復旧を可能にします。

Aurora Global Databaseには、1つのリージョンにプライマリDBクラスターがあり、異なるリージョンに最大5つのセカンダリDBクラスターが作成されます。

■Amazon Aurora Serverless

Amazon Aurora Serverlessは、Amazon AuroraのオンデマンドのAuto Scaling設定です。

RDSも、AuroraもRDBは基本的には24時間365日起動しておくことが多いでしょう。

課金の仕組みを考えると、アクセスの全くない時にもRDBのコンピューティングリソースに対して常時課金が発生してしまいます。

Aurora Serverlessではアプリケーションのニーズに応じて、自動的に起動、シャットダウン、および容量をスケールアップまたはスケールダウンします。データベース容量を管理することなく簡単にデータベースを運用できます。

データベースの容量を手動で管理すると、貴重な時間が奪われ、データベースリソースの非効率的な使用につながります。

Aurora Serverlessでは、データベースを簡単に作成し、必要に応じてデータベース容量を指定し、アプリケーションを接続することで利用ができます。

課金に関しては、データベースがアクティブな状態に対しての秒単位の支払いとなり、サーバレスの考え方を享受できます。

▶Amazon DynamoDB

Amazon DynamoDBはフルマネージドNoSQLデータベースサービスです。

1桁ミリ秒単位で規模に応じたパフォーマンスを実現する高速で柔軟な

NoSQLデータベースサービスです。

DynamoDBは、リージョンレベルのサービスで、リージョン内全体に分散されて構成され、高度な分散コンピューティングに関する概念の運用ノウハウや専門知識がなくても利用できます。

また、DynamoDBのバックアップは、わずか数秒で完了し、大変高い耐久性を実現できるよう設計されたS3に保管されます。

DynamoDBは本試験範囲外の内容ですが、CloudWatchの監視対象として記載があったり、現場でも積極的に使われるサービスですので、サービスの概要は抑えておきましょう。

■グローバルテーブル

DynamoDBのグローバルテーブルは、マルチリージョン、マルチアクティブデータベースをデプロイするためのフルマネージド型ソリューションです。

レプリケーションを自分たちで構築して管理する必要はありません。

グローバルテーブルを作成する場合、そのテーブルの利用するリージョンを指定します。

それらのリージョン内に同じテーブルを複数作成し、データの変更を各テーブルに継続的に伝達するために必要なすべてのタスクは、DynamoDBによって実行されます。

▶ Amazon Athena

Amazon Athenaは対話型クエリサービスで、標準SQLを使用してAmazon S3内のデータを分析することが簡単にできるサービスです。

Athenaはサーバーレス型なので、管理すべきインフラストラクチャはありません。実行するクエリに専念できます。

▶ Amazon ElastiCache

Amazon ElastiCacheは、フルマネージドなインメモリデータストアサービスです。

オープンソースのMemcachedまたはRedisプロトコルに準拠しています。

RDBキャッシュや、オンプレミスシステムで利用していたキャッシュサービスをマネージドに利用可能です。

4 自動化

システム運用上の課題として、運用エンジニアの皆様は以下のような課題をお持ちではないでしょうか？

・本番環境として稼働中のサーバーをどのように更新するか。
・東京リージョンと大阪リージョンといった、地理的に異なる場所にある複数のAWSリージョンに、どのように一貫してインフラストラクチャをデプロイするか。
・システムおよびテクノロジーの依存関係、またサブシステム全体の依存関係をどのように管理するか。
・計画どおりに実行されなかったデプロイをどのようにロールバックするか。
・デプロイに失敗した際に、作成されたリソースをどのように回収するか。
・本番環境にリリースする前に、どのようにデプロイをテストし、問題の解析をするか。

これら、課題に対して自動化を行うことで、手作業による事故の防止や、反復繰り返す作業の運用負荷軽減出来など、運用上の課題を解決することが可能です。
AWSにて自動化を行うことができる各種サービスやツールについても抑えていきましょう。

▶ AWS CloudFormation

AWS CloudFormationは、開発や本運用に必要な、AWSおよびサードパーティーのリソース群を作成し、そのリソースを適切な順序かつ予測可能な方法でプロビジョニングおよび管理といった、Infrastructure as Code（IaC）を行うサービスです。

▼CloudFormation

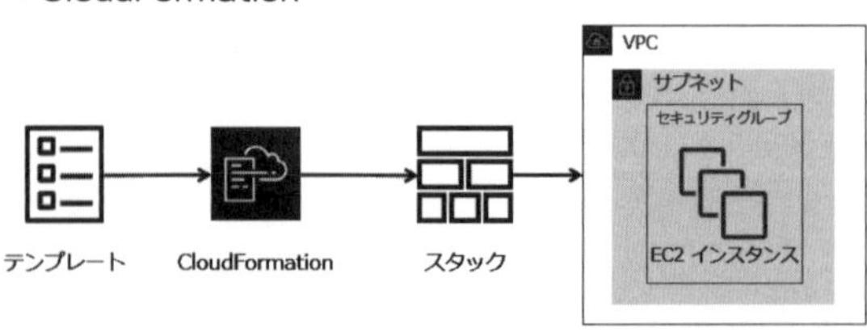

CloudFormationを使用すると、計画に従い、反復可能な方法で、AWSインフラストラクチャのデプロイを作成し、プロビジョニングできます。

自動化による作業負荷の軽減、構築工数の削減、人為的ミスの排除、反復的な構築が容易に行え、構築手順書からの脱却に繋がります。

CloudFormationで行えること

・リソースセットを1つの単位（**スタック**）として管理できる
・環境の**複製**、再**デプロイ**、再**利用**
・インフラストラクチャとアプリケーションの**バージョニング**管理
・サービスの正常な状態への**ロールバック**

■ドリフトの検出

CloudFormationを使ってリソースを管理している場合でも、ユーザーはCloudFormation以外でリソースの変更を行うことができます。

ユーザーは、リソースが作成された下位のサービスを使用してリソースを直接編集できます。

例えば、Amazon EC2コンソールを使用して、CloudFormationスタックの一部として作成されたEC2インスタンスを更新できます。

運用上のヒューマンエラーによる変更のケースもありますが、一刻を争うような課題への対応するための意図的な変更もあります。

ドリフトの検出を利用することで、**AWSCloudFormation管理外**にて設定変更がされたスタックリソースを**特定**できます。

そして、それらのスタックリソースがスタックテンプレートの定義と**再同期**されるように、修正作業を行うことができます。

ドリフト検出の有効化は、CloudFormationコンソールから実行することも、AWS Configルールを使用して実行することもできます。

■テンプレート

CloudFormationのテンプレートは、環境にデプロイするリソースを定義する、**JSON**形式または**YAML**形式で書かれたテキストファイルです。

テンプレートファイル内でアーキテクチャスタック全体を定義し、**ランタイムパラメータ**にてEC2インスタンスサイズや、EC2のキーペアなどを定義します。

CI/CDパイプラインを使ってテンプレートを構築および実行し、運用の容易さや効率性を向上させることが可能です。

テンプレートの起動時にエラーが発生すると、デフォルトですべてのリソースがロールバックされます。このオプションはコマンドラインから変更できます。

また、テンプレートから生成されたスタックを削除すると、リソースもすべて削除されます。
ただし、S3バケットなど、一部のリソースは、スタックが削除されても削除されません。

サンプルテンプレート
CloudFormationのテンプレートのサンプルは、AWSにリージョン別に公開されておりますので、こちらを参考にして作っていくのも良いでしょう。

▼東京リージョンのAWS CloudFormationサンプルテンプレートのURL
https://docs.aws.amazon.com/AWSCloudFormation/latest/UserGuide/cfn-sample-templates-ap-northeast-1.html

■AWS CloudFormation Designer

AWS CloudFormation Designerは、ドラッグアンドドロップインターフェイスを使用してCloudFormationテンプレートを作成、変更できる視覚ツールです。
リソースの追加、修正、削除を簡単に行うことができ、それに応じて基盤となるJSON/YAMLが変更されます。
JSON形式で書かれているファイルを、YAML形式にコンバートすることも可能です。
実行中のスタックと関連付けられているテンプレートを変更する場合、テンプレートに適合するようにスタックを更新できます。

▼CloudFormation

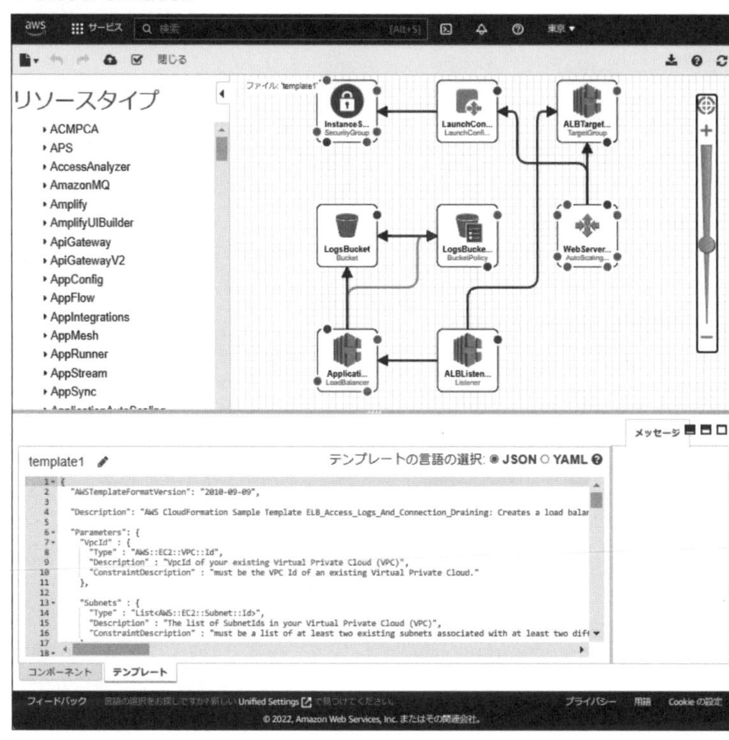

■リソース属性

CloudFormationを利用する際、動作や関係を制御するリソース属性を紹介します。

●CreationPolicy属性

AWS CloudFormationが指定数の成功シグナルを受信するかまたはタイムアウト期間が超過するまでは、ステータスが作成完了にならないようにします

●DeletionPolicy属性

スタックが削除された際にリソースを保持します

● **DependsOn属性**
指定したリソースの処理が完了してから作成されるように依存関係を指定できます

● **Metadata属性**
メタデータ属性を使用して構造化データを関連付けることができます

● **UpdatePolicy属性**
リソースに対する更新を処理する方法を指定できます

● **UpdateReplacePolicy属性**
スタック更新オペレーションでリソースを置き換えるときに、リソースの既存の物理インスタンスを保持できます

▶ AWS Systems Manager

AWS Systems Managerは、EC2インスタンス及び、オンプレミス環境などで稼働しているサーバの管理タスクを自動化できる管理ソリューションサービスです。

AWS Systems Managerを使用することで、複数のAWSのサービスの運用データを一元化することが可能となり、AWSリソース全体のタスクを自動化できます。アプリケーションやアプリケーションスタックの各種レイヤー、本番環境と開発環境といったリソースの論理グループを作成できます。

Systems Managerサービスのうち、運用でよく利用される代表的な機能を紹介します。

■ AWS Systems Manager エージェント(SSM Agent)
SSM Agentは、Amazon Elastic Compute Cloud(Amazon EC2) インスタンス、エッジデバイス、オンプレミスサーバー、仮想マシン (VM) で実行されるエージェントソフトウェアです。
SSM Agentを使用することで、Systems Managerで各種リソースを更新、管理、設定できるようになります。

■Systems Manager Session Manager（セッションマネージャー）

セッションマネージャーは、EC2インスタンス、オンプレミスサーバー、VMを管理するためのフルマネージドサービスです。

セッションマネージャーでは、対話型のブラウザベースのシェルまたはAWS CLIを使用してこれらを管理できます。

また、セッションマネージャーでは、特定のシステム上だけでなく、複数のシステム上でスクリプトを実行できます。

主な利点として下記、3点が挙げられます。

・一元管理されたアクセス制御
管理者は、インスタンスへのアクセスの許可と取り消しを1か所で行えます。組織内でSession Managerの使用をどのユーザーやグループに許可するか、それらのユーザーやグループにどのインスタンスへのアクセスを許可するかをIAMポリシーのみで制御できます。

・踏み台ホストが存在しない
Session Managerを使用すると、踏み台ホストのインバウンドポートを閉じることができるため、セキュリティ体制を強化できます。これにより、SSHキーと証明書、踏み台ホスト、ジャンプサーバーの管理が不要になります

・ポートフォワーディング
リモートインスタンス内の任意のポートをクライアントのローカルポートにリダイレクトします。その後、ローカルポートに接続し、インスタンス内で実行されているサーバーアプリケーションにアクセスできます
主な用途として、Windows Serverを GUIにて管理する際、ローカルポートをインスタンスのRDPポートにマッピングし、セッションを開始することでRDPのポートを開けることなく、リモートデスクトップを使用できます

■Patch Manager

Patch Managerは、EC2インスタンスやオンプレミスサーバー、VMに対して、セキュリティパッチおよびその他のパッチを適用するプロセスを自動化する機能です。

Patch Managerにて対応しているOSは、LinuxやWindows、macOSです。

オペレーティングシステム用パッチと、アプリケーション用パッチのどちらにも適用できます。

パッチマネージャーを使用すると、以下のタスクを自動化してパッチをデプロイできます。

・パッチベースラインの作成
パッチの承認/拒否を決定及び、自動承認ルールを含む

・メンテナンスウィンドウを作成し、パッチ適用のためにインスタンスをグループ化する
パッチを定期的にインストールするには、パッチ適用処理をSystems Managerのメンテナンスウィンドウタスクとして実行するようにスケジューリングします。また、パッチを個別にインストールすることや、EC2タグを使用して大規模なインスタンスグループにインストールすることもできる

・メンテナンスウィンドウ内でパッチを適用し、パッチグループ内のインスタンスをすべて再起動する

・結果とパッチコンプライアンスの詳細を確認する

パッチの即時適用をしたい場合

パッチを今すぐインストールする場合、PatchManagerの[Patch now]オプションを使用できます。
また、Systems Managerコンソールでオンデマンドパッチ適用処理を実行することもできます。

■ステートマネージャー

Systems Managerステートマネージャーは、安全でスケーラブルな構成管理機能です。
Amazon EC2およびハイブリッドインフラストラクチャをユーザーが指定した状態に自動で保ちます。

ステートマネージャーでは次のことを実行できます。

・インスタンスの作成時にソフトウェアをインストールする
・エージェントをダウンロードおよび更新する
・ネットワーク設定を構成する
・Windowsドメインに参加する
・ソフトウェアの更新時にインスタンスにパッチを適用する
・LinuxおよびWindowsのマネージドインスタンスでスクリプトを実行する

▶ AWS Config

AWS ConfigはAWSリソースの変更を自動的に記録し、運用効率と整合性を高めるサービスです。

AWS Configでは、次のことを実行できます。

・リソースの検出
AWSリソースすべてのインベントリを作成するために、アカウントに存在するリソースを検出します。

・設定の記録
現在のリソース設定を記録します

・変更のキャプチャ
設定への変更をキャプチャし、履歴データとして保存します

・変更の分析と修正
AWS Configのルールと設定に基づいて、変更に対してアクションが必要かどうかを判断します
ルールと設定には、修正と通知のアクションを関連付けることができます

5 その他の自動化ツール

その他の自動化ツールについても解説します。

このSECTIONでは記載が有りませんが、すでにSECTION 2にて解説を行ったEventBridge、SECTION3にて解説を行ったImage Builderも自動化で組み合わせて使われるサービスです。

あわせて、確認しておきましょう。

▶ Amazon Data Lifecycle Manager (DLM)

Amazon Data Lifecycle Managerはリソースタグを使用して、バックアップするリソースを特定し、EBSスナップショットとEBS-backed AMIの作成や、保持、削除を自動化できます。

スナップショットとAMIの管理を自動化すると、以下のことが可能になります。

- ・定期的なバックアップスケジュールの実施によるデータの保護
- ・標準化されたAMIのセキュリティアップデート等の定期的な更新
- ・監査担当者または社内のコンプライアンスが必要とするバックアップの保持
- ・古いバックアップを削除してストレージコストの削減
- ・分離されたアカウントにデータをバックアップする災害対策バックアップポリシーの作成

▶ AWS OpsWorks

AWS OpsWorksは、ChefやPuppetのマネージド型インスタンスを利用できるようになる構成管理サービスです。

ChefやPuppetは、コードを使用してサーバーの構成を自動化できるようにするためのオートメーションプラットフォームです。OpsWorksでは、ChefやPuppetを使用して、Amazon EC2インスタンスやオンプレミスのコンピューティング環境でのサーバーの設定、デプロイ、管理を自動化できます。

OpsWorksには、以下の3種類があります。

- ・AWS OpsWorks for Chef Automate

・AWS OpsWorks for Puppet Enterprise
・AWS OpsWorksスタック

このサービスの詳細は、SECTION 2の「リソースの修復、バックアップおよび、復元」を参照してください。

▶ AWS Tools for PowerShell

AWS Tools for PowerShellは、AWS SDK for .NET から公開されている機能に基づいて構築されたPowerShellモジュールのセットです。

AWS Tools for PowerShellを使用することにより、PowerShellコマンドラインからAWSリソースに対する操作をスクリプト処理できます。

▶ AWS SDK

AWS SDKとは各プログラミング言語、環境に合わせた開発ツールです。

下記の言語向けに現在提供されています。

・Python
・Java
・.NET（C#）
・Node.js
・JavaScript
・C++
・Go
・Ruby
・PHP

▶ AWS Resource Groups

AWS Resource Groupsは、リソースのグループ化を行い、多数のリソース上のタスクを一度に管理および自動化できるサービスです。

▶ AWS Resource Access Manager（RAM）

AWS Resource Access Manager（RAM）は、組織内のAWSアカウント間またはAWS Organizations内の組織単位（OU：Organizational Unit）間、ならびにサポートされているリソースタイプのIAMロールおよびIAMユーザーとの間で、リソースを安全に共有するサービスです。

AWS RAMコンソール、AWS RAM API、AWS CLI、またはAWS SDKを使用してリソース共有を作成することで、AWS RAMの使用を開始できます。リソースをリソース共有に追加し、各リソースタイプに関連付けるためのマネージド許可を選択し、リソースにアクセスするユーザーを指定することで、リソースを簡単に共有できます。

6 章末サンプル問題

Q1. ある企業が、ap-northeast-1リージョン内のすべてのAmazon Elastic Block Store(EBS)ボリュームに格納するデータを暗号化する必要があります。すべての新規EBSボリュームにおいて暗号化を有効化するための、運用効率の高い解決策はどれですか。

A. Amazon CloudWatchアラームを作成する。
B. encrypted-volumes AWS Configマネージドルールを使用する。
C. IAMポリシーを作成する。
D. Amazon EC2コンソールの設定で、デフォルトの暗号化ステータスを設定する。

Q2. SysOpsアドミニストレーターが、Application Load Balancerの内側にあるAmazon EC2インスタンス上で動作するアプリケーションを管理しています。これらのインスタンスは、複数のアベイラビリティーゾーンにまたがるAuto Scalingグループ内で動作しています。このアプリケーションのデータは、Amazon RDS MySQLデータベースインスタンスに格納されます。データベースが無応答状態になった場合でも、アプリケーションの可用性を確保する必要があります。この要件を満たすには、どうすればよいですか。

A. RDSインスタンスからリードレプリカを作成する。データベース障害が発生した場合、このリードレプリカを使用する。
B. データベース障害が発生した場合、元のRDSインスタンスのスナップショットから新規のRDSインスタンスを作成する。
C. RDSデータベースをもう一つ実行しておき、データベース障害が発生した場合、Webアプリケーションでエンドポイントを切り替える。
D. マルチAZ配置になるよう、RDSインスタンスを修正する。

Q3. ある企業が、データ加工アプリケーションをサーバーレスインフラストラクチャ上で実行しています。各処理ジョブにおいて、AWS Lambda関数が1回呼び出されます。他のアプリケーションにおいて他のLambda関数が実行されていたとしても、500個のジョブを同時実行するのに十分なキャパシティを確保する必要があります。既に、リージョン内におけるサービス制限値を増やしています。どうすればよいですか。

A. デッドレターキューを使い、スロットリングされたリクエストを再実行できるよう構成する。
B. 500個のジョブを並列実行できるよう、Lambda関数のメモリ設定を修正する。
C. データ加工ロジックをAWS Step Functionsに移動する。
D. データ加工用Lambda関数の予約同時実行数を500に設定する。

Q4. SysOpsアドミニストレーターが、アクセスログをAmazon S3に格納しています。このSysOpsアドミニストレーターは、インフラストラクチャを管理することなく、標準SQLを使用してデータを照会し、レポートを生成したいと考えています。この要件を満たすには、どのAWSサービスを使用すればよいですか。

A. Amazon Inspector
B. Amazon CloudWatch
C. Amazon Athena
D. Amazon RDS

Q5. ある企業が、画像をホストするモバイルアプリケーションを実行しています。世界中のユーザーがモバイルデバイスを使用して、保管目的でこのアプリケーションに画像をアップロードしています。画像を格納するため、このアプリケーションからAmazonS3に対してAPI呼び出しが実行されます。画像アップロード先のS3バケットは、あるAWSリージョン内でホストされています。このアプリケーションによって使用されるすべてのAWSリソースも、このリージョン内でホストされています。アプリケーションがホストされているこのリージョンから物理的に離れた場所にいるユーザーから、画像アップロード処理の遅延が大きいという報告を受けました。SysOpsアドミニストレーターは、アプリケーションを修正することなく、画像アップロード処理における遅延を小さくする必要があります。この要件を満たすには、どうすればよいですか。

A. S3バケットに対してS3マルチパートアップロード機能を使用する。
B. S3バケット上にS3アクセスポイントを作成する。
C. S3バケットにおいてS3 Transfer Accelerationを有効化する。
D. S3バケット上でAmazon S3用のAWS Transfer for SFTPを使用する。

■正解と解説

Q1.　**正解**　D

A：不正解です。このソリューションでは、非暗号化EBSボリュームが作成されたときに企業に通知されるだけです。非暗号化ボリュームの作成自体を防ぐことはできません。

B：不正解です。このソリューションでは、すべてのリージョン内の非暗号化EBSボリュームが特定されるだけです。非暗号化ボリュームの作成自体を防ぐことはできません。

C：不正解です。このソリューションでは、要件を満たすことはできますが、運用効率は高くありません。ポリシーレベルおよびユーザーレベルでの管理作業量が非常に多くなります。また、ユーザーによって非暗号化ボリュームが作成されるリスクが高まります。

D：正解です。このリージョンに対してデフォルトで強制的に暗号化するソリューションは、新規に作成されるボリュームを暗号化するための最も運用効率の高い方法です。

Q2.　**正解**　D

A：不正解です。リードレプリカをプライマリデータベースインスタンスに手動で昇格させることはできますが、このプロセスには時間がかかります。また、昇格後の新しいデータベースインスタンスでは異なるエンドポイントが使用されるので、アプリケーションの構成を修正する必要があります。

B：不正解です。このソリューションでは、データベースを復元している間、データベースを停止する必要があるので、このシナリオにおける要件を満たしません。また、スナップショットは最新データではありません。

C：不正解です。エンドポイントが切り替わった場合、データベースが停止します。また、このソリューションでは、もう一つのデータベースを最新の状態に維持する方法について、言及されていません。

D：正解です。マルチAZ配置にした場合、自動フェールオーバーされます。また、アプリケーションからデータベースにアクセスする際に使用するエンドポイントは、変更されません。
RDSデータベースインスタンスをマルチAZ配置に変更する際、データベースの通常運用が停止することはありません。ただし、変更作業中にパフォーマンスが低下するおそれがあります。したがって、データベース使用頻度の低い時間帯にこの変更作業を行うのが、最善の方法です。

Q3.　正解　D

A：不正解です。デッドレターキューを使用すれば、実行できなかったジョブを再処理できます。ただしこのシナリオでは、ジョブを同時実行する必要があります。このソリューションは、この要件を満たしていません。

B：不正解です。このソリューションの場合、Lambda関数のメモリ容量およびCPU容量は増えますが、500個のジョブを並列実行することはできません。

C：不正解です。Step Functionsを使用した場合、複数のLambda関数をオーケストレートできます。ただし、並列実行可能な数を増やすことはできません。

D：正解です。Lambdaでは、クォータに基づいて、AWSアカウントに対する同時実行可能数が決定されます。複数の関数が同時実行可能数で競合している場合、同時実行可能数をさらに細かく指定できます。

Q4.　正解　C

A：不正解です。Amazon Inspectorは自動化されたセキュリティ評価サービスであり、AWS上に展開されているアプリケーションのセキュリティおよびコンプライアンスを改善するのに役立ちます。Amazon Inspectorには、SQLを使用してS3オブジェクトにアクセスする機能はありません。

B：不正解です。CloudWatchには、標準SQLを使用してデータを照会する機能はありません。

C：正解です。Athenaは対話型クエリサービスであり、標準SQLを使用してAmazon S3内のデータを分析することが簡単にできます。Athenaはサーバーレス型なので、管理すべきインフラストラクチャはありません。実行するクエリに専念できます。

D：不正解です。Amazon RDSには、S3内のデータを直接照会する機能はありません。

Q5. **正解** C

A：不正解です。S3マルチパートアップロード機能を使用する場合、マルチパートアップロードAPIを使用するようにアプリケーションを修正する必要があります。また、マルチパートアップロード機能を使用しても、データ転送速度が向上することや、ユーザー側での遅延が小さくなることはありません。

B：不正解です。Amazon S3アクセスポイントを使用した場合、Amazon S3内の共有データセットに対するデータアクセスの管理作業を大幅に簡素化できます。アクセスポイントは、バケットにアタッチされる名前付きネットワークエンドポイントであり、S3オブジェクトの操作に使用できます。ただし、このソリューションを使用しても、データ転送速度が向上することや、ユーザー側での遅延が小さくなることはありません。

C：正解です。S3 Transfer Accelerationを使用した場合、クライアントとS3バケットの間で高速かつセキュアな長距離ファイル転送を行うことができます。S3 Transfer Accelerationでは、世界中に配置されているAmazon CloudFrontのエッジロケーションを活用しています。

D：不正解です。SFTPを使用しても、ユーザー側での遅延が小さくなることはありません。

MEMO

SECTION 5

セキュリティとコンプライアンス

このセクションでは、セキュリティポリシーおよびコンプライアンスポリシーを実装していくにあたり、必要な各種AWSサービスや抑えておくべきポイント、セキュリティ設定のベストプラクティスについても解説していきます。

1 セキュリティポリシー、コンプライアンスポリシーを実装、および管理する

▶AWS Identity and Access Management（IAM）

AWS Identity and Access Management（IAM）は、AWSリソースへの認証：Authenticationと、認可：Authorizationを管理するアクセス管理サービスです。

IAMによって、誰を認証するか（**誰のサインインを許可するか**）、および誰にリソース使用の認可をするか（**誰にアクセス許可を与えるか**）を制御します。

IAMを使用することで、アクセス許可をきめ細かく制御できます。この制御はリソースに基づいて行われ、各サービスに対してどのAPIコールを許可するかが厳密に決定されます。

▶認証

まずは、IAMの認証サービスで使われる用語や機能について解説します。

■ルートユーザー

AWSにサインアップしてAWSアカウントを作成した際には、サインアップ時に登録したメールアドレスを利用したルートユーザーが自動的に発行されます。

AWSでは日常のタスクに**ルートユーザーを使用しないこと**を強く推奨しています。

ルートユーザーはその名前の通り、すべての権限を有するユーザーでアカウント内のすべてのAWSサービスとリソースに完全にアクセスできます。

このアカウントはパスワードの保護だけではなく、後述する**MFA（多要素認証）を設定**して安全に保護しましょう。

AWSの操作や運用にはルートアカウントを使用する代わりに、必要なアクセス許可を持たせたIAMユーザーを作成してAWSを利用します。

ルートアカウントは、**ルートアカウントでしか利用できない**操作を行う際にのみ利用します。ではどんなケースで利用するのでしょうか？

●ルートアカウントを利用するケースの例

・アカウントの設定変更
　アカウント名（氏名や会社名）、Eメールアドレス、ルートユーザーパスワード、およびルートユーザーアクセスキーの変更
・IAMユーザーアクセス許可の更新
　最初のIAMユーザーを作成する際
・請求情報とコスト管理コンソールへのIAMアクセス有効化
　経理担当のIAMアカウント等に、請求情報を参照させるために最初に有効化

●ルートアカウントでの操作が不要になったケース

従来、連絡先情報や、請求先の変更、支払方法の変更（クレジットカードの番号等）、サポートプランの変更にはルートアカウントでの操作が必要でしたが、現在これらの変更はIAMユーザーで行えるようになりました。

■IAMプリンシパル

IAMプリンシパルとはIAMで認証行う要素です。
代表的なIAMのプリンシパルは、次のものです。

・IAMユーザー
・フェデレーティッドユーザー
・ロール

●IAMユーザー

IAMユーザーはAWSアカウント内で複数作成することができる、アカウント内のユーザーです。

IAMユーザーを作成し、AWSマネジメントコンソールへのサインインとAWSのサービスへのリクエストを行うための認証を個人に付与します。

新たに作成されたIAMユーザーには、自分自身を認証し、AWSリソースにアクセスするために使用するデフォルトの認証情報がありません。

まず、認証を行うためのセキュリティ認証情報をそのIAMユーザーに割り当て、次に、AWSアクションを実行したりAWSリソースにアクセスしたりするこ

とを承認するアクセス許可をそのIAMユーザーにアタッチする必要があります。

　IAMユーザーを作成する際には、Tester1といった不特定多数のユーザーが利用するユーザーを発行するのではなく、操作証跡や監査証跡を追えるように個人に対して発行するようにしましょう。

●フェデレーティッドユーザー

　フェデレーティッドユーザーとは、Microsoft Active Directory等のIDプロバイダー（IdP）で管理しているユーザーに対して、一時的な認証情報を付与し、AWSリソースへのアクセス権を与えます。

対応しているIDプロバイダーの例

・Amazon.co.jpや、Amazon.comのリテールアカウント
・Googleアカウント
・Facebookアカウント

対応しているディレクトリサービスの例

・Microsoft Active Directoryフェデレーションサービス
・OpenLDAP
・OpenDirectory

●SAML、およびOpenID Connect（OIDC）

▼IAM SAML

AWSでは、SAML2.0またはOpenID Connect（OIDC）によるIDフェデレーションをサポートしています。SAMLを使用すると、AWSアカウントを設定してIdPと統合できます。設定が完了すると、フェデレーティッドユーザーは、その企業のIdPによって認証および認可されます。フェデレーティッドユーザーアクセスでは、AWS CLIまたはAWS APIを使用したアクセスをサポートしています。

●ロール

IAMロールとは、ユーザーやAWSサービスがアクセス許可を一時的に利用するために引き受ける認証情報です。

■パスワードポリシー

IAMユーザーが利用するパスワードポリシーを設定可能です。

▼IAM Password Policy

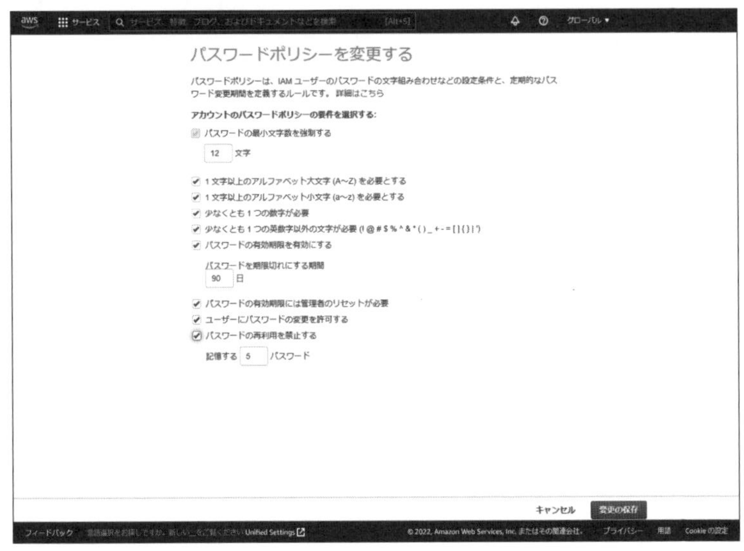

▶認可

■ポリシー

・アイデンティティベースのポリシー
・リソースベースのポリシー
・AWS Organizationsサービスコントロールポリシー（SCP）
・アクセスコントロールリスト（ACL）

IAMポリシーは、AWSのサービスとリソースへのアクセスを許可または拒否するドキュメントです。

▼ポリシーの優先順位

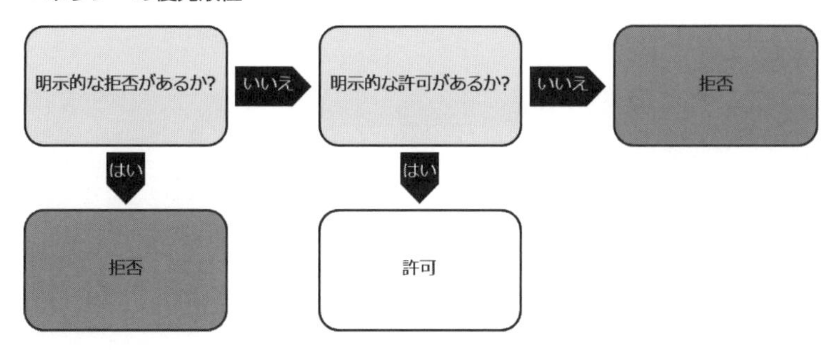

ベストプラクティスとして、アクセス許可を付与するときは、最小権限というセキュリティの原則に従います。

■AWS管理ポリシー

とはいえ、私達運用管理者がそれぞれのメンバーに必要なアクセス許可のみを付与するには、経験とIAMポリシーに関する詳細な知識が必要です。そして、スタッフは、自分がどのAWSサービスを使用する必要があるのか理解するためにも時間が必要です。更に、管理者には、IAMを理解してテストするために時間が必要です。

限られた時間の中でAWS使ってプロジェクトを進めていくためには、AWS管理ポリシーを使用することで、必要なアクセス許可を従業員に付与できます。

AWS管理ポリシーはデフォルトで利用できるようになっています。また、その管理と更新はAWSが行います。ただし、AWS管理ポリシーは変更ができません。

■多要素認証（MFA）

MFAとはMulti-Factor Authenticationの略で、多要素認証を指します。

AWSではIAMの機能でAWSのルートアカウントやIAMユーザーの認証に多要素認証（MFA）を追加してセキュリティを向上させて保護することができます。

特に、AWSのルートアカウントは初期状態では、メールアドレスとパスワードでのみ保護されておりますのでMFAの設定を強く推奨します。

また、強い権限を持っているIAMユーザーにもMFAを設定しましょう。

▼IAM MFAデバイスの管理

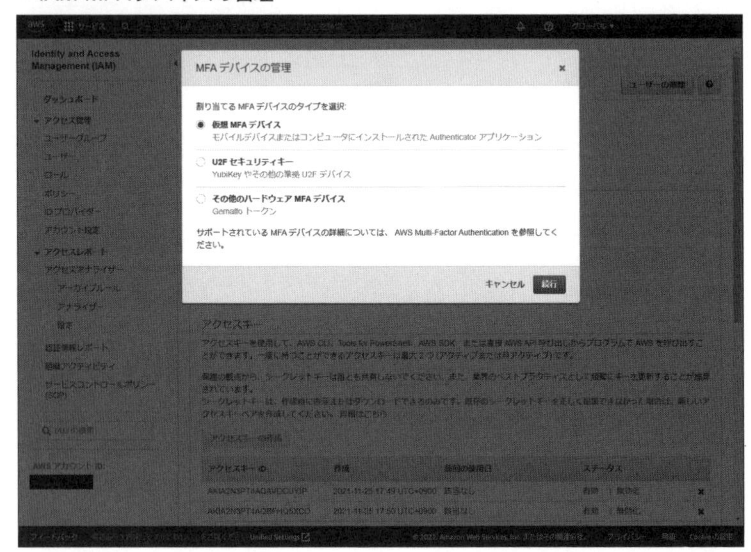

MFAデバイスとして現在IAMにて設定できるものは、各種セキュリティベンダーなどから無料で提供されているスマートフォン向けアプリケーションによる仮想MFAトークンと、YubiKey等のハードウェアセキュリティキーや、トークンなどのハードウェアデバイスです。

▼yubikey

▼Thales

Gemalto社は2019年4月にThales社に買収され、現在販売されているAWSで利用可能な後継ハードウェアトークンには現在Thales社のロゴが入っております。

■認証情報を定期的にローテーション

自分のパスワードとアクセスキーを定期的に変更するようにします。アカウント内のすべてのIAMユーザーについても、同様にパスワードとアクセスキーを定期的に変更します。そうすることにより、知らない間にパスワードやアクセスキーが漏洩した場合でも、その認証情報を使ってリソースにアクセスされてしまう期間を制限できます。パスワードポリシーをアカウントに適用することで、すべてのIAMユーザーにパスワードの変更を義務付けることができます。また、パスワードの変更が求められる頻度を選択することも可能です。

AWS Configには、指定した日数内にアクティブなアクセスキーが変更されているかどうかをチェックするマネージドルールが用意されています。しきい値を越えたアクセスキーには、NON_COMPLIANTというラベルが付けられます。

■不要な認証情報の削除

IAMユーザーの不要な認証情報（パスワードとアクセスキー）は削除してください。

例えば、コンソールを使用しないアプリケーション用にIAMユーザーを作成した場合、そのIAMユーザーにパスワードは必要ありません。

同様に、ユーザーがコンソールのみを使用する場合、そのユーザーのアクセスキーを削除します。

また、最近使用されていないパスワードとアクセスキーは、削除することを検討してください。

アカウント内のすべてのユーザーと、ユーザーの各種認証情報（パスワード、アクセスキー、MFAデバイスなど）のステータスが示された**認証情報レポート**をダウンロードできます。**認証情報レポート**は、AWSマネジメントコンソール、AWS SDK、AWS CLI、またはIAM APIから取得できます。

▼IAM Reportの抜粋

user	password_last_used	access_key_1_last_used_date
<root_account>	2022-11-17T17:06:35+00:00	N/A
AAA	2022-11-17T17:52:37+00:00	2020-12-01T06:22:00+00:00
BBB	no_information	2019-04-17T13:06:00+00:00
CCC	2022-08-27T12:17:35+00:00	N/A
DDD	2018-04-30T08:41:56+00:00	N/A
EEE	N/A	2021-06-19T20:35:00+00:00

こちらは、認証情報レポートの項目の抜粋です。

password_last_usedは、AWSアカウントのルートユーザーまたはIAMユーザーのパスワードを使用してAWSマネジメントコンソールや、AWSディスカッションフォーラム、AWS Marketplaceにサインインした**最終日時**です。

access_key_1_last_used_dateは、AWS APIリクエストに署名するためにユーザーのアクセスキーが**最後に使用された**日時です。

IAM Reportの抜粋にて、セルの背景をグレーに塗っている部分は、最終利用時間が１年以上経っているので、見直しが必要な項目です。

▶AWSサービスを使用して、アクセスに関する問題をトラブルシューティングおよび監査する

■AWS CloudTrail

AWS CloudTrailとは、ログインなどのユーザアクティビティやAWSでの操作を**記録**するサービスです。

AWS環境全体で発生するすべてのユーザー**アクション**とAPI**リクエスト**を追跡することが可能です。

CloudTrailに関しては、SECTION　2にて詳しく解説していますので、改めて確認しましょう。

▼CloudTrail

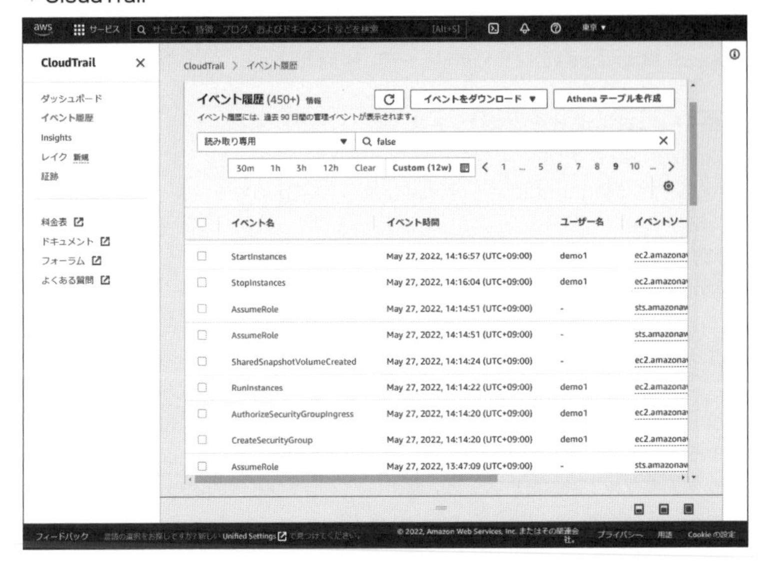

CloudTrailにはAWSアカウントの異常なアクティビティを自動的に検出してくれるCloudTrail Insightsというオプション機能も備えられています。

AWS Identity and Access Managementアクセス分析（IAM Access Analyzer）

リソースのポリシーを確認して、意図せぬ公開設定などがされていないか検出し、可視化する機能です。

IAM Access Analyzerを使用すると、アカウント内のどのリソースが外部プリンシパルと共有されているかを知ることができます。そのために、論理ベースの推論を使用してAWS環境内のリソースベースのポリシーを分析します。Access Analyzerを有効にするときは、アカウントに対してアナライザーを作成します。アカウントが、アナライザーの「信頼ゾーン」になります。アナライザーは、信頼ゾーン内でサポートされているすべてのリソースをモニタリングします。信頼ゾーン内のプリンシパルによるリソースへのアクセスは、信頼できると見なされます。

Access Analyzerを有効にすると、アカウント内のサポートされているリソースすべてに適用されているポリシーが分析されます。最初の分析後、Access Analyzerはこれらのポリシーを24時間ごとに1回分析します。

サポートされている代表的なリソース
・Amazon S3バケット
・AWS Key Management Service（AWS KMS）のキー
・IAMロール
・AWS Lambdaの関数とレイヤー
・Amazon Simple Queue Service（Amazon SQS）のキュー

■ポリシー生成機能
2021年4月、IAM Access Analyzerにポリシー生成機能が追加され、AWS CloudTrailで見つかったアクセスアクティビティに基づいてIAMポリシーを作成することができるようになりました。IAM Access Analyzerでは、ポリシー生成クォータを1日あたり50個に増やし、アカウント内のより多くのロールに対する許可を適切に設定できるようになりました。

IAM Access Analyzerを使用して、IAMコンソールでポリシーを生成したり、AWS CLIまたはプログラミングクライアントでAPIを使用することができます。

■IAM Policy Simulator
IAM Policy SimulatorはIAMのアイデンティティベースのポリシー、IAMアクセス許可の境界、組織のサービスコントロールポリシー、リソースベースのポリシーをテストおよびトラブルシューティングするツールです。
IAM Policy SimulatorにはPolicy Simulator Console、AWS CLIまたはAWS APIを使用してアクセスできます。

▼Policy Simulator

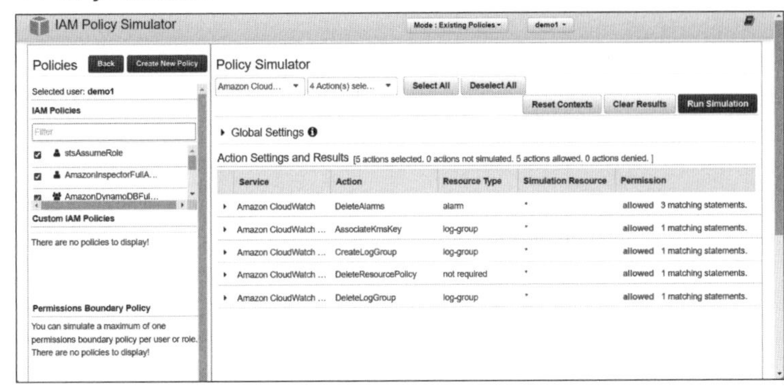

Policy Simulatorで実行できる処理の例

・IAMユーザー、グループ、ロールにアタッチされたポリシーのテスト
・アクセス許可の境界による影響のテストおよび、トラブルシューティング
・AWSリソースにアタッチされているポリシーのテスト
・Organizationsサービスコントロールポリシーのテスト
・選択したサービス、アクション、リソースに関するポリシーのテスト
・IPアドレスや日付などのコンテキストキーを指定して実際のシナリオのシミュレート
・ポリシーのどのステートメントによって特定のリソースやアクションへのアクセスが許可または拒否されているかを見極める

■AWS Trusted Advisor

Trusted Advisorは、ユーザーのAWS環境を分析し、ベストプラクティスに沿ったアクションを推奨するツールです。

Trusted Advisorの詳細は、SECTION 7コストおよびパフォーマンスの最適化にて解説します。

SysOpsアドミニストレーターはこの中で特に「セキュリティ」の推奨事項の内容をチェックしていきましょう。

例えば、下記の2つの「セキュリティ」の推奨事項は、IAMの項目でも説明した内容です。

皆様がAWSの学習のために新規にAWSアカウントを作成した直後は、次の2つの内容がTrusted Advisorにて警告表示を出しています。

IAMユーザーの作成と、ルートアカウントに対してMFA設定をすることにより警告が消えます。

セキュリティに関しては順番に警告内容を対処することで、セキュリティのベストプラクティスに沿った形に改善していくことができます。

・IAMの使用
このチェックは、少なくとも1つのIAMユーザーの存在をチェックすることにより、ルートアクセスの使用を阻止することを目的としています。

・ルートアカウントのMFA
ルートアカウントをチェックして、Multi-Factor Authentication (MFA) が有効化されていない場合に警告します。

■AWS Organizations

AWS Organizationsは、複数のAWSアカウントを1つの組織としてまとめてAWSアカウントを作れたり、閉鎖したり、組織単位（OU：Organizational Unit）でグループ化を行ったり、サービスコントロールポリシー（SCP）で制御したりといった、一元管理することを可能にするアカウント管理サービスです。

▼AWS Organizations

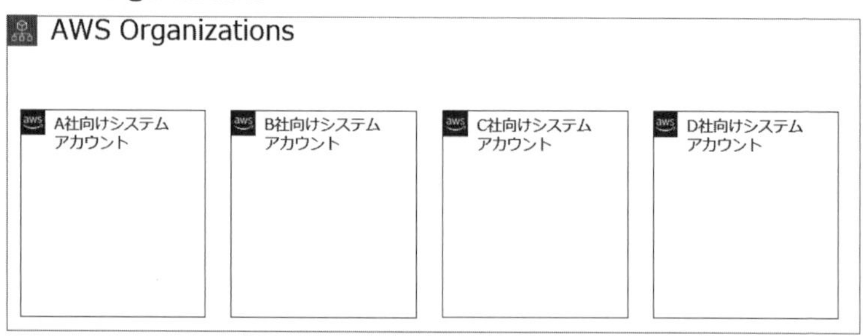

●サービスコントロールポリシー（SCP）

対象アカウント内で、どのサービスやアクションを使用できるかをユーザーやロールに対して指定するポリシーです。SCPは、IAMアクセス許可ポリシーと似ていますが、アクセス許可が付与されない点が異なります。SCPは、指定したサービスやアクションのみを対象アカウント内で使用できるようにするフィルターの役目を果たします。IAMアクセス許可ポリシーによって完全な管理者アクセス許可がユーザーに付与されている場合でも、対象アカウントに適用されるSCPによって明示的に許可されていない（または明示的に拒否されている）アクセスはすべてブロックされます。

例えば、「データベース」アカウントに対してデータベースサービスへのアクセスのみを許可するSCPを割り当てると、このアカウント内のユーザー、グループ、ロールによる、データベースサービス以外のオペレーションへのアクセスは拒否されます。

SCPの適用先は、Organizationsに収容されているそれぞれのアカウントではなく、組織単位（OU）に当てるのがベストプラクティスです。

SCPはOrganizationsのマネージメントアカウントには適用されません。もちろん、Organizationsに収容されていないAWSアカウントではSCPは利用できません。

■AWS Control Tower

AWS Control Towerは、AWSのマルチアカウント環境を一元的にセットアップ・管理するサービスです。

マルチアカウント管理に必要なランディングゾーン（AWS Control Towerが設定する総合的なマルチアカウント環境）の構築や各種ガードレールの展開、権限のセットアップなどを航空管制塔のように一元的に管理することが可能です。

▼Control Tower

2 データ保護戦略およびインフラストラクチャ保護戦略を実装する

データとインフラストラクチャの保護戦略で利用するサービスを解説します。

データ保護には、SECTION 4にて解説した、Amazon Data Lifecycle Manager(DLM)や、SECTION 6にて解説するVPNも利用しますので、合わせて確認しておきましょう。

▶データ保護での暗号化戦略

■AWS Key Management Service(AWS KMS)

AWS Key Management Service(AWS KMS)は、データの保護に使用される暗号化キーの作成と制御を容易にするマネージドサービスです。

AWS KMSでは、暗号化キーを使用することで暗号化のオペレーションを実行できます。暗号化キーは、データの暗号化及び復号に使用するランダムな数字の列です。暗号化キーは、AWS KMSを使って作成、管理、使用できます。AWSの様々なサービスやEC2等で動いているアプリケーションで、キーの使用を制御することも可能です。

AWS KMSでは、キーに必要なアクセス制御の特定のレベルを選択できます。例えば、キーを管理するIAMユーザーとロールを指定できます。また、キーを一時的に無効にして、誰も使用できないようにすることもできます。キーがAWS KMSの外に出ることはなく、常にキーを管理できます。

■AWS Certificate Manager(ACM)

AWS Certificate Manager(ACM)は、SSL/TLS証明書のプロビジョニング、管理、デプロイ、更新が簡単に行えるマネージド型証明書管理サービスです。

■AWS Secrets Manager

AWS Secrets Managerは、認証情報やAPIキー、その他のシークレット情報を安全に管理するためのサービスです。

■Systems Manager - Parameter Store

Parameter Storeは、SECTION 4で解説したSystems Managerの機能の1つで、設定データ管理と機密管理のための安全な階層型ストレージを提供します。パスワード、データベース文字列、AMI ID、ライセンスコードなどのデータをパラメータ値として保存することができます。

Parameter Storeでは、平文のパラメータ名と、暗号化されたパラメータ値を持つSecure Stringパラメータを作成できます。Secure StringパラメータはAWS KMSを使用してパラメータ値を暗号化および復号します。

▶レポートまたは調査結果の内容を確認する

■AWS Artifact

AWS Artifactは、AWSのコンプライアンスレポートにオンデマンドでアクセスできる、セルフサービスポータルです。

▼AWS Artifact

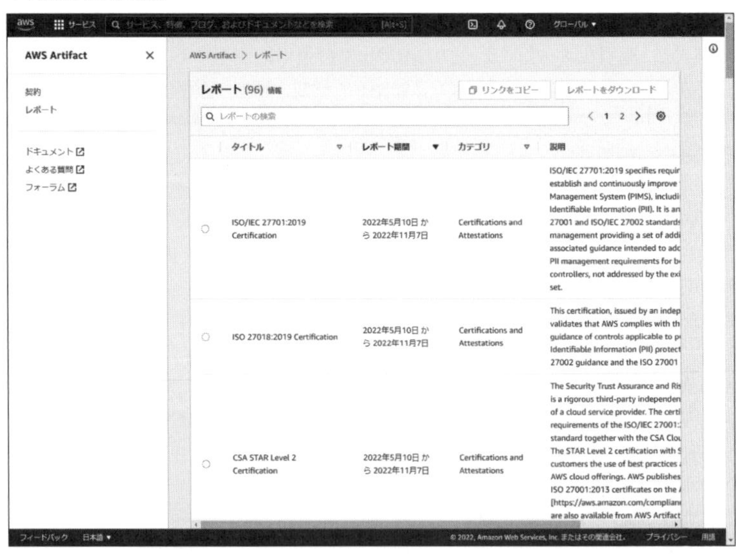

AWS Artifactでは、AWS ISO認定、Service Organization Control (SOC)、Payment Card Industry (PCI) レポートなどのAWSセキュリティおよびコンプライアンスレポートを取得可能です。

■AWS Config

AWS ConfigはAWSリソースの設定値を継続的にモニタリング、評価を行うサービスです。

AWSリソースのインベントリや、それらのリソースの設定変更記録を提供し、現在および過去のリソース設定を表示してその情報を利用して、サービス停止のトラブルシューティングやセキュリティ攻撃の分析を行えます。任意の時点における設定を確認できます。この情報を使用してリソースを再設定することにより、機能停止状態の間、リソースの状態を安定させることができます。

サポートされている代表的なAWSリソースには、以下のようなものがあります。

- Amazon EC2インスタンス
- セキュリティグループ
- Amazon Redshiftのクラスター
- Amazon VPCのコンポーネント
- Amazon Elastic Block Store（Amazon EBS）

■Amazon GuardDuty

Amazon GuardDutyは、AWSアカウントやAWS環境に対する悪意のある操作や不正な動作を継続的にモニタリングするマネージド型脅威検出サービスです。

AWS上で発生しているログを自動的に収集し、機械学習や脅威インテリジェンスを利用して怪しい動きを検知します。

AWSアカウントでGuardDutyを有効にすると、GuardDutyはネットワークとアカウントアクティビティのモニタリングを開始します。我々ユーザーは、追加のセキュリティソフトウェアをデプロイまたは管理する必要はありません。GuardDutyは、VPCフローログやDNSログなど、複数のAWSソースのデータを継続的に分析します。

▼Amazon GuardDuty

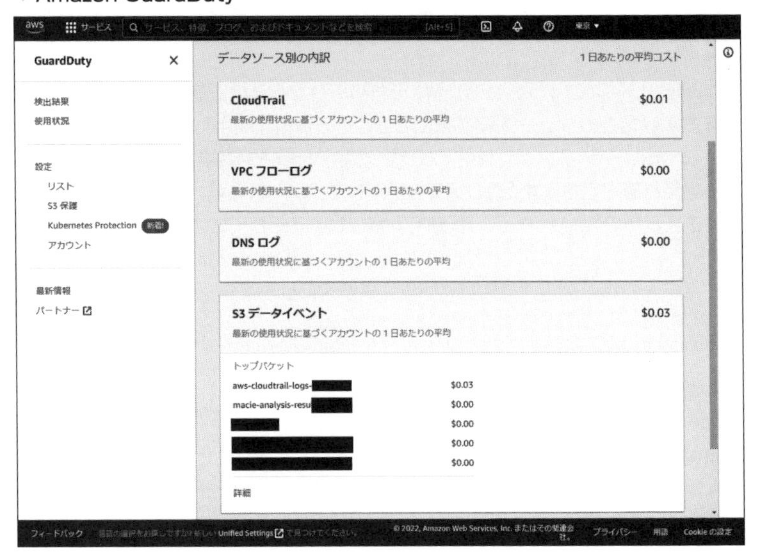

GuardDutyが脅威を検出した場合、AWSマネジメントコンソールで詳細な調査結果を確認できます。調査結果には、推奨される修復手順が記載されています。また、GuardDutyによるセキュリティの調査結果に応じて自動的に修復を実行するように、AWS Lambda関数を設定することもできます。

Payment Card Industry Data Security Standard（PCI DSS）への対応において、侵入検知要件達成にGuardDutyを用いることができます。

■Amazon Inspector

Amazon Inspectorは、AWSのEC2上にデプロイされたアプリケーションのセキュリティとコンプライアンスを向上させるための、脆弱性診断を自動で行うことができるサービスです。

▼Amazon Inspector

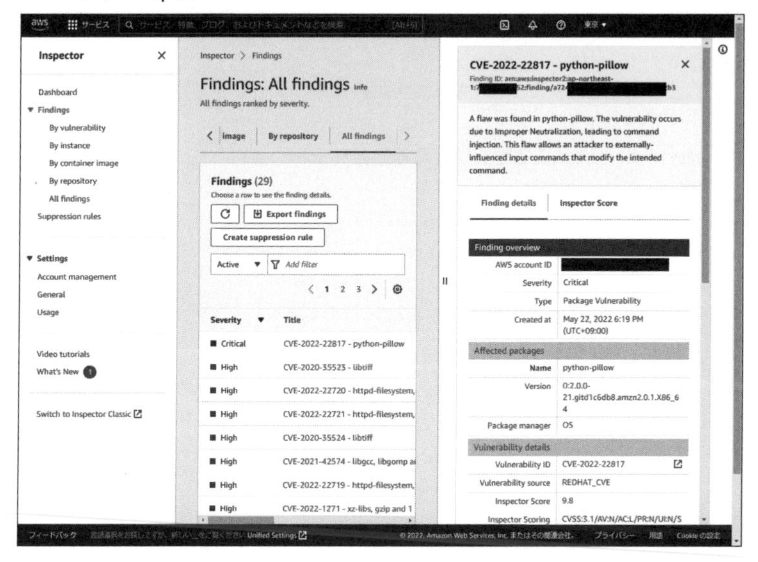

Amazon Inspectorは、自動的にアプリケーションを評価し、脆弱性やベストプラクティスからの逸脱がないかどうかを確認します。評価が実行された後、重大性の順に結果を表示した詳細なリストがAmazon Inspectorによって作成されます。

Amazon Inspectorを使用すると、開発およびデプロイパイプライン全体で、または静的な本番システムに対してセキュリティ上の脆弱性の評価を自動化することができます。この機能により、開発やIT運用の一環として、セキュリティテストをより定期的に実行できるようになります。Amazon Inspectorは、エージェントベース、API主導で、サービスとして提供され、デプロイ、管理、および自動化を容易にします。

Amazon Inspectorには、すぐに利用を開始できるよう、共通のセキュリティベストプラクティスや脆弱性の定義に対応した、何百ものルールが収められたナレッジベースが備えられています。

組み込まれたルールの一例として、リモートルートログインが有効になっているか、または脆弱なソフトウェアがインストールされていないかをチェックするものがあります。

これらのルールはAWSのセキュリティ研究者によって定期的に更新されます。

Amazon Inspectorにて診断が行えること

・一般的な脆弱性や漏洩
・ネットワークセキュリティにおけるベストプラクティス
・認証におけるベストプラクティス
・OSのセキュリティにおけるベストプラクティス
・アプリケーションセキュリティにおけるベストプラクティス
・PCI DSS 3.0 アセスメント

NIST CSF、PCI DSS、およびその他の規制のコンプライアンス要件を満たすために、Amazon Inspectorを用いることができます。

■Amazon Macie

Amazon Macieは、S3バケットに保管されているデータ対して機械学習とパターンマッチングを使用して機密データを検出して保護する、フルマネージドのデータセキュリティとデータプライバシーのサービスです。

Macieは、名前、住所、クレジットカード番号などの個人情報（PII）を含む、拡大し続けている機密データタイプの大規模なリストを自動的に検出します。

▼Amazon Macie

■AWS Security Hub

AWS Security Hubは、セキュリティのベストプラクティスのチェックを行い、セキュリティアラートを集約し、自動修復を可能にするクラウドセキュリティ体制管理サービスです。

複数のAWSのサービスで検知された優先度の高いセキュリティアラートやコンプライアンスにおける状態を、1つの集約された管理画面でわかりやすく提示してくれます。

対応している主要なサービスは、以下のサービスです。

- Amazon GuardDuty
- Amazon Inspector
- IAM Access Analyzer
- Amazon Macie
- AWS Firewall Manager

■Amazon Detective

Amazon Detectiveは、セキュリティに関する検出結果や疑わしいアクティビティの根本原因を簡単に分析、調査、および迅速に特定できます。

Detectiveは、AWSリソースからログデータを自動的に収集します。その後、機械学習、統計分析、グラフ理論を使用して、セキュリティ調査をより迅速かつ効率的に行うのに役立つ内容を視覚的に表示します。

▶ネットワーク保護戦略

■AWS WAF

AWS WAFはマネージド型のウェブアプリケーションファイアウォールサービスです。

AWS WAFは、アプリケーションの可用性低下、セキュリティの侵害、リソースの過剰消費などの一般的なウェブの脆弱性から、ウェブアプリケーションを保護するウェブアプリケーションファイアウォールです。

●WAFとは？

WAFとは、Web Application Firewallの略です。

Webサイト上のアプリケーションに特化したファイアウォールです。主に、ユーザからの入力を受け付けたり、リクエストに応じて動的なページを生成したりするタイプのWebサイトを不正な攻撃から守る役割を果たします。一般的なファイアウォールとは異なり、データの中身をアプリケーションレベルで解析できるのが特徴です。

オンプレミスシステムの頃から、Webサイト上のアプリケーション自体にセキュリティ上の問題があってもそれを無害化できるという利便性の高さと、ISMSの実現やPCIDSSへの準拠といった企業の情報戦略面のニーズにより、その導入意義が注目されていました。

●AWS WAFの料金

AWS WAFサービスも基本利用料は無料です。

ただし、従来オンプレミスで提供されてきた日本のWAFアプライアンスサービスのように、予めWAFの定義は入っておりません。

ユーザ自身でどのトラフィックをウェブアプリケーションに許可、またはブロックするかのWAFの定義を行う必要があります。そして、WAF定義（WebACL

や、ルールなど）に対して課金が発生します。

SQLインジェクションまたはクロスサイトスクリプトのような一般的な攻撃パターンをブロックするカスタムルールおよび、特定のアプリケーションのために設計されるルールをAWS WAFに作成できます。

AWSパートナー企業の日本のセキュリティ企業では、WAF定義運用代行サービスやソリューションを提供していますので、ご自分達でWAF定義を導入するのが困難な方は、これらを利用するのも良いでしょう。

■AWS Shield

AWS Shieldはマネージド型の**分散サービス妨害（DDoS）**に対する保護サービスです。AWSで実行しているウェブアプリケーションを保護してくれます。

●DDoS攻撃とは？

DDoSとは、Distributed Denial of Service attackの略です。

DDoS攻撃はネットワークのトラフィック（通信量）を増大させ、通信を処理しているコンピューティングリソース（通信回線やサーバの処理能力）に負荷をかけることによって、サービスを利用困難にしたり、ダウンさせたりする攻撃のことです。

これはDoS攻撃を発展させたものであり、攻撃元が他の複数のコンピュータを乗っ取り、ターゲットに対して一斉に攻撃するのが特徴です。

これらの攻撃には大きく分けて、単純にアクセスを極端に増やして、回線の帯域幅自体に負荷をかける方法とサーバやアプリケーションのセキュリティホールを狙った攻撃を行いサーバなどサービスのインフラ環境に負荷をかける方法とに分かれます。

AWS Shieldではアプリケーションのダウンタイムとレイテンシーを最小限に抑える常時稼働の検出と自動インライン緩和策を提供しています。

AWS Shieldには"**Standard**"と"**Advanced**"の2つのレベルでのサービスがあります。

▼AWS Shield Standardと、AWS Shield Advancedの違い

	AWS Shield Standard（無償）	AWS Shield Advanced（有償）
ネットワークフロー監視	○	○
SYNフラッド・UDPリフレクション攻撃などの一般的なDDoS対策	○	○
レイヤ7対応	―	○
レイヤ3・4攻撃通知とレポート生成	―	○
DDoS対応チームの24×365サポート（フォレンジック・分析）	―	○
DDoSによるコスト増加分の払い戻し	―	○

すべてのAWSのユーザは、追加料金なしでAWS Shield Standardの保護の適用を自動的に受けることができます。

AWS Shield Standardでは、ウェブサイトやアプリケーションを標的にした、最も一般的で頻繁に発生するネットワークおよびトランスポートレイヤーのDDoS攻撃を防御します。

従来オンプレミスのシステムでは、DDoS対策の為にDDoS対策機器の選定および購入にかなりの投資を行っていました。
これらを、無料で利用することが可能です。

また、攻撃通知や分析、レポート生成に工数を割かれていましたが、有償のAWS Shield Advancedを選択することで、これらの業務にかかる工数を大幅に削減することが可能です。

更に、AWS Shield Advanced加入者がAmazon CloudFrontディストリビューションでAWS WAFを有効にすると、CloudFrontディストリビューションは既にAWS Shield Advancedで保護されているため、AWS WAFのWebACL、ルール、リクエスト料金に対する追加料金は発生しません。

3 章末サンプル問題

Q1. ある企業が、記録を保持するアプリケーションを作成しています。このアプリケーションは、Amazon EC2インスタンス上で動作し、Amazon Aurora MySQLデータベースをアプリケーションのデータストアとして使用する予定です。コンプライアンスを確保するため、機密であると判定されたデータをアプリケーション内で保持してはいけません。このアプリケーション内で機密データが保持されているかどうかを検出するには、どうすればよいですか。

A. AWS Lambda関数を使用してデータベース内のデータをエクスポートする。データをAmazon S3に格納する。Amazon Macieを使用して格納データを検査する。機密データが検出された場合、機密データに関するレポートの内容を確認する。

B. Aurora用のAmazon GuardDutyプラグインをインストールする。データベースを検査するよう、GuardDutyを構成する。機密データが検出された場合、機密データに関するレポートの内容を確認する。

C. Amazon Inspectorエージェントを各EC2インスタンスにインストールし、Auroraクラスターとの通信を含めてAmazon Inspectorのホストアセスメントを構成する。機密データが検出された場合、機密データに関するレポートの内容を確認する。

D. VPCフローログを使用して、EC2インスタンスとAuroraデータベースクラスターの間で転送されるトラフィックを検査する。ログファイルをAmazon S3に格納する。Amazon Detectiveを使用して、抽出されたログファイルを検査する。機密データが検出された場合、機密データに関するレポートの内容を確認する。

Q2. ある企業が、VPC内のパブリックサブネット内で動作するAmazon EC2インスタンス上で、Webサイトをホストしています。この企業は、Amazon CloudWatch Logsを使用して、Webサーバーログを分析しています。SysOpsアドミニストレーターが、CloudWatch Logsエージェントをこの EC2インスタンスにインストールして構成し、正常に動作していることを確認しました。しかし、CloudWatch Logsにログが表示されません。この問題を解決するには、どうすればよいですか。

A. ポート80で受信トラフィックを許可するように、EC2インスタンスのセキュリティグループのルールを修正する。
B. CloudWatch Logsに対する適切な権限を持つIAMユーザを作成する。IAMインスタンスプロファイルを作成し、このIAMユーザに関連付ける。インスタンスプロファイルをこのEC2インスタンスに関連付ける。
C. CloudWatch Logsに対する適切な権限を持つIAMロールを作成する。IAMインスタンスプロファイルを作成し、このIAMロールに関連付ける。インスタンスプロファイルをこのEC2インスタンスに関連付ける。
D. ポート80で受信トラフィックを許可するように、このサブネットに対するネットワークACLルールを修正する。

Q3. ある企業が、AWS Organizations内の1つの組織内に、複数のAWSメンバーアカウントを作成しました。この企業は、管理アカウントでAWS Cost and Usage Reportを受信することにしました。また、レポート格納先となるAmazon S3バケットの名前を指定しました。しかし、どのメンバーアカウント所有者もレポートを表示できません。メンバーアカウント所有者がレポートを表示できないのはなぜですか。

A. メンバーアカウント内の S3バケットに対するバケットポリシーで、アカウント所有者にアクセス権限を付与する必要がある。
B. レポート格納先S3バケットは、この組織内の管理アカウントによって所有されている。
C. レポートはAmazon Athenaにのみ配信できる。
D. メンバーアカウント内のS3バケットにおいて、バージョニングを有効化する必要がある。

Q4. ある企業がシステム監査を実施したところ、ユーザーが展開後のAmazon EC2インスタンスのコスト関連タグを修正していることがわかりました。この企業は、AWS Organizations内に組織を1個作成し、複数のAWSアカウントを作成しています。この企業は、EC2インスタンスを自動検出するソリューションを必要としています。また、このソリューションにおける運用の手間を最小限に抑える必要があります。これらの要件を満たすには、どうすればよいですか。

A. サービスコントロールポリシー(SCP)を使用して、必要なタグが付いていないEC2インスタンスを追跡する。
B. Amazon Inspectorを使用して、必要なタグが付いていないEC2インスタンスを特定する。
C. AWS Configルールを使用して、必要なタグが付いていないEC2インスタンスを追跡する。
D. AWS Well-Architected Tool(AWS WA Tool)を使用してレポートを生成し、必要なタグが付いていないEC2インスタンスを特定する。

■正解と解説

Q1. 正解 A

A:正解です。このシナリオにおける重要な要件は、コンプライアンス上の理由により保持すべきでないコンテンツについて、承認済みデータを検査する必要があるというものです。たとえば、アプリケーション内の自由記述フィールドに、ユーザーが自分のクレジットカード情報を誤って入力してしまう、などのケースが考えられます。Macieを使用すると、Amazon S3が検査されてこの種の機密データが検出され、修正が必要であることを示すフラグが設定されます。
このシナリオでは、データはAuroraデータベースに格納されます。Macieで使用される機械学習エンジンを活用するため、まず、データベースからデータを抽出し、Amazon S3に格納します。この処理には、Lambdaを使用するのが最も簡単です。EC2インスタンス上で動作しているコアアプリケーションに修正を加える必要がないからです。また、Lambdaは拡張性が高いので、将来にわたって使用できます。

B:不正解です。GuardDutyは脅威検出サービスであり、悪意のあるアクティビティ、および承認されていない行為を継続的に監視することにより、AWSアカウント、ワークロード、およびAmazon S3内データを保護するものです。GuardDutyはセキュリティ侵害を検査するものですが、Aurora用プラグインとしてインストールすることはできません。また、GuardDutyを使用して格納データを分類することはできません。

C：不正解です。Amazon Inspectorは自動セキュリティ評価サービスであり、AWSに展開されているアプリケーションのセキュリティ、およびコンプライアンスを強化するのに役立ちます。Amazon Inspectorを使用した場合、データ公開、脆弱性、およびベストプラクティスからの逸脱の点で、アプリケーションが自動評価されます。ただし、承認済みアプリケーションと承認済みデータベースの間で正しく転送されているデータには、フラグは設定されません。そのデータが機密データとして分類されている場合も同様です。また、Amazon InspectorのNetwork Assessmentオプションを使用した場合、すべてのネットワーク接続が検査されます。このオプションは、1つのネットワーク接続だけを追跡する目的では使用されません。

D：不正解です。Detectiveは、潜在的なセキュリティの問題または不審なアクティビティを分析および調査し、その根本原因を迅速に特定するのに役立ちます。Detectiveを使用した場合、AWSリソースからログデータが自動収集され、機械学習、統計分析、およびグラフ理論を用いて、リンクされたデータセットが生成されます。これにより、セキュリティ関連調査を迅速化および効率化できます。Detectiveでは、VPCフローログ内の不審なトラフィックが検査されますが、アプリケーションとデータベースの間の通信に関しては不審なトラフィックはありません。VPCフローログには実際のトランザクションは含まれていないので、Detectiveによる検査対象となる、通信内容に関するデータはありません。

Q2.　正解　C

A：不正解です。受信セキュリティグループルールは、CloudWatch LogsエージェントがCloudWatch Logsエンドポイントと通信できるかどうかには関係ありません。

B：不正解です。IAMユーザーにEC2インスタンスプロファイルを関連付けることはできません。

C：正解です。CloudWatch Logsエージェントは、適切な権限を持つAWS認証情報にアクセスできる必要があります。これにより、API呼び出しをCloudWatch Logsに送信できます。ここで推奨されるアクションは、まず適切な権限を持つIAMロールを作成し、次にEC2インスタンスプロファイルを使用して、そのIAMロールをEC2インスタンスに関連付けることです。

D：不正解です。受信ネットワークACLルールは、CloudWatch LogsエージェントがCloudWatch Logsエンドポイントと通信できるかどうかには関係ありません。

Q3.　正解　B

A：不正解です。請求レポートは、メンバーアカウント内ではなく管理アカウント内のS3バケットに配信されます。

B：正解です。Organizationsの一括請求機能を使用している場合、請求レポートの受信用に指定されているAmazon S3バケットは、管理アカウントによって所有されています。メンバーアカウントによって所有されているS3バケットで請求レポートを受信することはできません。管理アカウントが、一括請求レポート格納先S3バケットに対するアクセスを制御します。

C：不正解です。請求レポートは、管理アカウント内のS3バケットに配信されます。

D：不正解です。請求レポートは、管理アカウント内のS3バケットに配信されます。また、バージョニングを有効化する必要はありません。

Q4.　正解　C

A：不正解です。SCPを使用して、必要なタグがインスタンスに付いているかどうかを監査することはできません。

B：不正解です。このシナリオでは、Amazon Inspectorの使用は不適切です。Amazon Inspectorは、EC2インスタンスのネットワーク接続性、およびインスタンス上で動作するアプリケーションのセキュリティ状態を検査するサービスのため、必要なタグがインスタンスに付いているかタグの特定はできません。

C：正解です。AWS Configのマネージドルールを使用することにより、AWSリソースが目的の構成に適合しているかどうかを評価できます。approved-amis-by-tagマネージドルールを使用した場合、実行中インスタンスが、指定タグが付いた指定Amazon Machine Image（AMI）を使用しているかどうかが検査されます。指定タグのうち少なくとも1つがインスタンスに付いていない場合、NON_COMPLIANTというラベルが設定されます。

D：不正解です。このソリューションは、アカウントが1個だけの場合は役立ちますが、自動化されていません。運用の手間を最小限に抑えるといった要件を実現できません。

SECTION 6

ネットワークとコンテンツ配信

このセクションでは、ネットワークおよびコンテンツ配信に必要な各種ネットワークサービスやネットワークセキュリティ設定のツールについて解説していきます。

1　Amazon Virtual Private Cloud（VPC）

VPCは、Amazon Virtual Private Cloudの略で、仮想ネットワークのサービスです。

Amazon VPCを使用すると、AWSクラウド内にプライベートなネットワーク環境を構築することが可能です。

Amazon VPCは仮想ネットワークであるため、複数サブネット、ルーティング、詳細なセキュリティメカニズムがサポートされています。

我々ユーザーは標準的なネットワーク構成項目を設定でき、ネットワーク構成やトラフィックを完全にコントロールすることができます。

下記の図は、VPCの標準的な構成を表したものです。

▼1つのVPCでの構成例

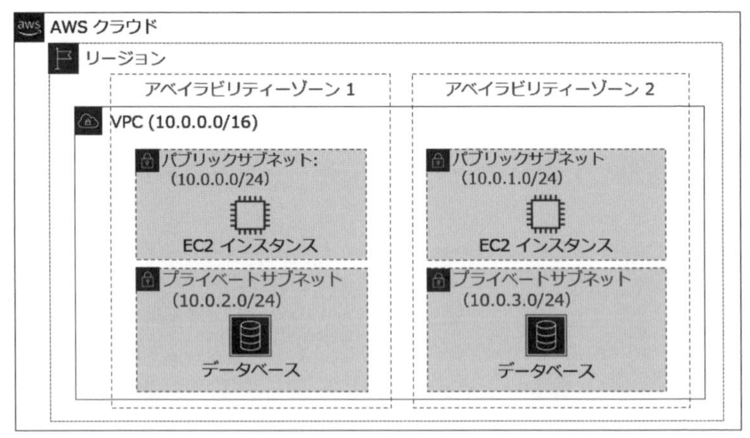

VPCはリージョン内に配置され、複数のアベイラビリティーゾーンにまたがって設定できます。

AWSの各サービスは原則リージョン単位で提供されますので、リージョンを超えて配置することはできません。

また、VPCはワークロードごとのネットワーク環境の分離を行うことに利用することができ、同一リージョン内に複数個作成することができます。例えばこちらの例では、本番環境・テスト環境・開発環境と３つのVPCに分離している例を表しています。

▼複数のVPCの作成

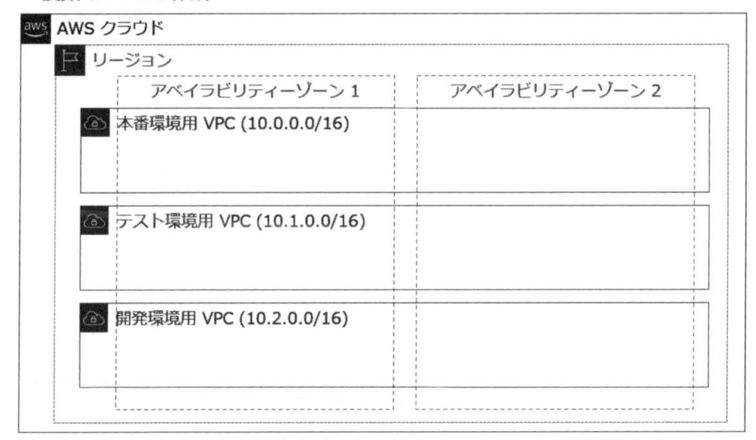

サービスの制限：

VPCはアカウントごとに、各リージョン5つまでの制限があります。

こちらはクォータの引き上げをリクエストをすることで、最大100VPCまで引き上げ申請が行えます。

▶サブネット

VPCで設定したアドレス範囲をサブネットに分けて定義することが可能です。

サブネットは作成する際に、アベイラビリティゾーンとIPアドレス範囲を定義します。サブネットには以下の特徴があります。

・サブネットでVPCアドレス範囲をさらに細分化できる
・サブネットは同じ１つのアベイラビリティゾーンにのみ存在できる
・VPC内で複数のサブネットCIDRブロックが重なることはできない
・サブネットのインバウンド/アウトバウンドトラフィックはネットワークACLを使用して制限できる

■パブリックサブネット

パブリックなサブネットとは、インターネットからアクセス可能なサブネットを指します。

主に外部に公開するELBを配置したり、後述するNATゲートウェイを配置します。

■プライベートサブネット

プライベートなサブネットとは、インターネットからアクセス不能なサブネットを指します。

主に内部で公開するEC2上で構成されたアプリケーションサーバや、RDSインスタンスを配置します。

AWSには「パブリックサブネット」「プライベートサブネット」という機能はありません。

これは人間がわかりやすくパブリックサブネットと呼んでいるだけで、パブリックな状態のサブネットとは、VPCにインターネットゲートウェイがアタッチされていて、そしてサブネットに設定されているルートテーブルがインターネットゲートウェイのルート設定をされているサブネットをパブリックサブネットと呼びます。

現場でのネットワークのトラブルシューティングでは、サブネット名が「パブリックサブネット」となっていても通信できないケースが発生するでしょう。

その際は、次の点を確認しましょう。

・VPCにIGWがアタッチされているか？
・IGWへのルーティング設定が行われているか？
・通信対象のEC2インスタンスにPublic IPアドレスが付与されているか？

■サブネットの制限

各VPCごとに200のサブネットを作成できます。

IPv4の場合、サブネットの最小サイズは/28（16IP）です。

サブネットは、所属するVPCより大きくすることはできません。

IPv6の場合、サブネットのサイズは/64に固定されており、サブネットに割り当てることができるのはIPv6 CIDRブロック1つのみです。

各サブネットのCIDRブロック内にあるIPアドレスのうち、5IPはAWSによって予約されています。

最初の４個と最後の１個は私達ユーザーは利用することができません。
/24とした場合に実際に使えるIPアドレスは251個となります。
例えば、CIDRブロックが10.0.0.0/24のサブネットでは下記の5IPアドレスは、予約IPとして利用できません。

・10.0.0.0：ネットワークアドレス
・10.0.0.1：AWSで予約済み（VPCルーター用）
・10.0.0.2：AWSで予約済み（DNSサーバー用）
・10.0.0.3：AWSで予約済み（予備）
・10.0.0.255：ネットワークブロードキャストアドレス

▶インターネットゲートウェイ（IGW）

インターネットゲートウェイは、VPCと外部のパブリックネットワークを接続する仮想ゲートウェイです。
水平スケーリングに対応し、冗長性と高い可用性を備えたVPCのコンポーネントであり、VPC内のインスタンスとインターネットとの間の通信を可能にします。インターネットゲートウェイを使用することによって、ネットワークトラフィックで可用性のリスクや帯域幅の制約が生じることはありません。

▼インターネットゲートウェイ

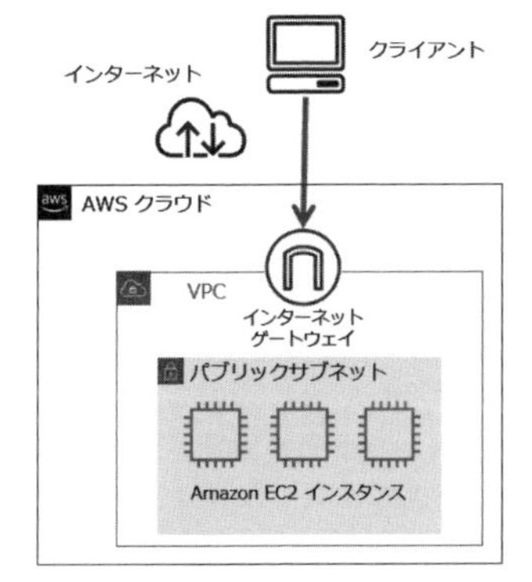

インターネットゲートウェイは２つの目的で使用されます。

・VPCのルートテーブルに、インターネットへルーティングできるトラフィックの送信先を追加する
・パブリックIPv4アドレスが割り当てられたインスタンスに対して、ネットワークアドレス変換（NAT）を実行する

インターネットゲートウェイは作成後、VPCにアタッチすることで利用することができます。
インターネットゲートウェイは、IPv4トラフィックとIPv6トラフィックをサポートしています。

●ルートテーブル
各VPCには暗黙的なルーターが配置され、各サブネットのリソース間で、またはサブネットの外にトラフィックが送信されます。
ルートテーブルには、ルートと呼ばれるルールセットが含まれています。ルートによって、ネットワークトラフィックの送信先が決まります。

●主なルートテーブル
・メインルートテーブル
VPCに割り当てられる、デフォルトのルートテーブルです。他のルートテーブルに明示的に定義されていないVPC内の全てのサブネットへのルーティングを制御します。
・カスタムルートテーブル
サブネットに割り当てる、ルートテーブルです。それぞれのサブネットにて細かく定義できます。

VPCを作成すると、メインルートテーブルが自動的に割り当てられます。
最初は、メインルートテーブルとVPC内のルートテーブルすべてに1つのルートのみが含まれています。これは、VPC内のすべてのリソースの通信を可能にするローカルルートです。ルートテーブル内のローカルルートを変更することはできません。インスタンスをVPC内で作成すると、そのインスタンスはローカルルートによって自動的に到達可能になります。作成した新しいインスタンスをルートテーブルに追加する必要はありません。VPCに、追加のカスタムルートテーブルを作成することもできます。
VPC内の各サブネットは、サブネットのルーティングを制御するルートテーブルに関連付ける必要があります。サブネットを特定のルートテーブルに明示的に

関連付けていない場合、サブネットはメインルートテーブルを使用するよう、暗黙的に関連付けられます。1つのサブネットを同時に複数のルートテーブルに関連付けることはできませんが、複数のサブネットを同一のルートテーブルに関連付けることはできます。

各サブネットにカスタムルートテーブルを使用することで、送信先へのきめ細かなルーティングを実行できるようにします。

▶セキュリティグループ

セキュリティグループは、1つ以上のインスタンスのトラフィックを制御する仮想ファイアウォールです。

VPC内のリソース（EC2,RDS,ELBなど）のトラフィックを制御します。

▼ファイアウォールとセキュリティグループ

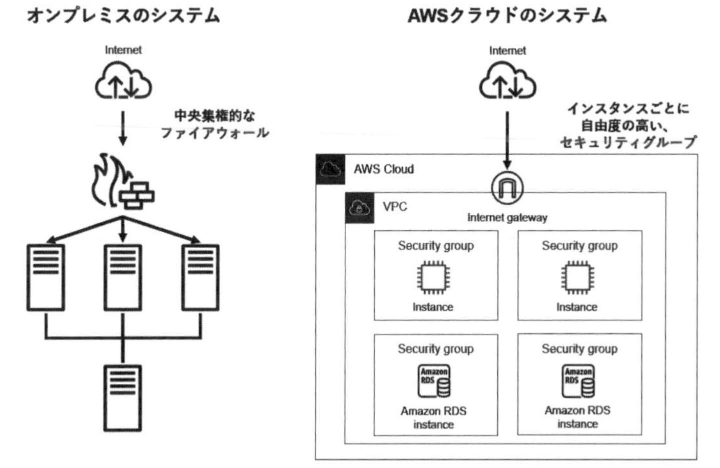

従来、オンプレミスのシステムではファイアウォールは中央集権的ファイアウォールを1つ、外部のネットワーク（例えばインターネット）の前に設置していました。理想形としてはそれぞれのノード（例えばサーバやデータベースインスタンス）ごとに設置できることが望ましいですが、コスト的にもラックのスペース的にも難しいことでした。

AWSでは、各インスタンスごとに個別のファイアウォール設定を行えるセキュリティグループという機能があります。

セキュリティグループ設定は、その名のとおりグループとして利用でき、同一の目的で利用するサーバ群に対して同一の設定を適用することも可能です。

セキュリティグループに関して重要なポイントは次のとおりです。

- デフォルトでは、リージョンごとに2,500のVPCセキュリティグループを設定できる
- ルールは「ポート」と「送信元もしくは送信先」の組み合わせで設定できる
- 「送信元もしくは送信先」には、IPアドレスやセキュリティグループのIDを指定可能
- セキュリティグループごとに60のインバウンドルールと60のアウトバウンドルールを持つことができる（合計120のインバウンドルールとアウトバウンドルール）
- デフォルトでは、すべてのインバウンドトラフィックが拒否される
- アウトバウンドトラフィックは、出ていくトラフィック、および戻りトラフィックを通過させるステートフルとなっている（セキュリティアップデート等で、アップデートモジュールのインバウンドトラフィックを通過させる）
- デフォルトでは、すべてのアウトバウンドトラフィックが許可される
- インバウンドリクエストに応答するすべてのアウトバウンドトラフィックが許可される
- 同じセキュリティグループのインスタンスどうしは、デフォルトでは相互に通信できない

▶ネットワークACL（NACL）

ネットワークACLはサブネットに対して設定する仮想ファイアウォール機能です。

サブネット内のすべてのリソースに対してのトラフィックに影響があります。

デフォルトではすべてのインバウンドとアウトバウンドが許可されています。

拒否するものだけを設定するブラックリストとして使用することができます。

サブネット内のリソースはネットワークACLを設定することなく外部やサブネット内での通信を行うことができます。

セキュリティグループでは、ステートフルなトラフィック制御でしたが、ネットワークACLでは、ステートレスなトラフィック制御です。通過させたいトラフィックは開いている必要があります。

ネットワークACLは必要な要件があった場合のみ設定し、追加のセキュリティレイヤーとして機能することができます。

特に必要な要件がなければ、デフォルトのままで設定する必要はありません。

▶AWS Network Firewall

AWS Network Firewallは、すべてのAmazon Virtual Private Cloud（VPC）に不可欠なネットワーク保護を簡単にデプロイするマネージドサービスです。

▶NATゲートウェイ

NATゲートウェイは、ネットワークアドレス変換（NAT）サービスです。

プライベートなサブネットにあるリソースは、インターネットとの通信を行えません。

例えば、プライベートサブネット内にあるEC2インスタンスで構成されたアプリケーションサーバから、セキュリティアップデートや、AWS外部のサービスと疎通を行いたいといったニーズがあった際の解決策として利用します。

NATゲートウェイを使用すると、プライベートサブネット内のインスタンスはVPC外のサービスに接続できますが、外部サービスはそれらのインスタンスとの接続を開始できません。

NATゲートウェイは、インスタンスの送信元IPアドレスをNATゲートウェイのIPアドレスに置き換えます。パブリックNATゲートウェイの場合、NATゲートウェイのElastic IPアドレスです。

可用性を高めるには、各アベイラビリティゾーンでNATゲートウェイをホストします。

ユースケースとして、プライベートサブネット内に配置したアプリケーションサーバーインスタンスのOSやミドルウェアのセキュリティアップデートや、外部システムとの連携を行う際に、パブリックサブネットにNATゲートウェイを配置します。

▶仮想プライベートゲートウェイ（VGW）

▼仮想プライベートゲートウェイ

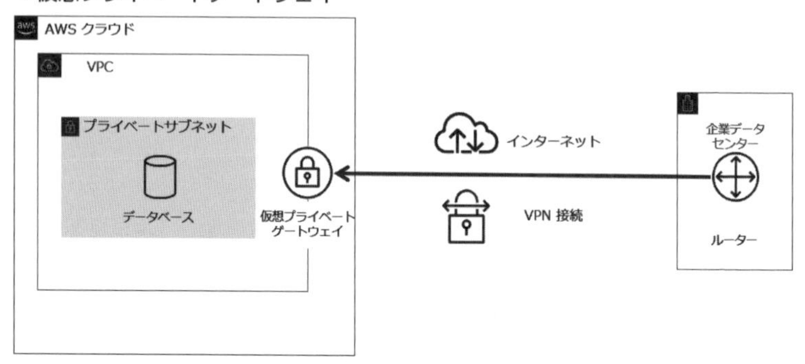

仮想プライベートゲートウェイを使用すると、VPCとプライベートネットワーク（オンプレミスのデータセンターや社内ネットワークなど）の間に仮想プライベートネットワーク（VPN）接続を確立できます。仮想プライベートゲートウェイでVPCへのトラフィックが許可されるのは、承認されたネットワークから着信する場合のみです。Direct Connectでの、AWSのVPC側ゲートウェイとしても利用します。

▶クライアントVPNエンドポイント

クライアントVPNエンドポイントを使用すると、VPCとクライアントベースのマネージドVPN接続を確立できます。

AWS Client VPNサービスを使って、AWSリソースに安全にアクセスするために、クライアントVPNエンドポイントをVPCに配置します。

▶ AWS Direct Connect（DX）

AWS Direct Connect（DX）は、データセンターとVPC間に専用のプライベート接続を確立できる専用線サービスです。

▼Direct Connect

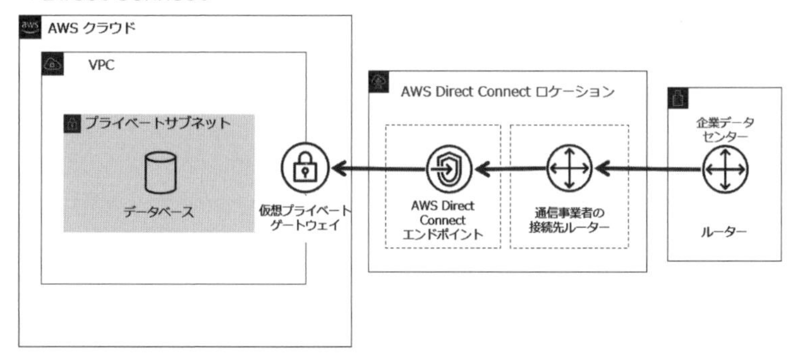

AWS Direct Connectでプライベート接続を確立すると、ネットワークコストを削減したり、ネットワークを通過できる帯域幅を増やしたりすることができます。

▶ Egress-Onlyインターネットゲートウェイ

Egress-Onlyインターネットゲートウェイは、IPv6経由でのVPCからインターネットへの送信を可能するサービスです。

IPv6アドレスはグローバルに一意であるため、デフォルトではパブリックアドレスになっています。インスタンスからインターネットにアクセスさせる場合で、インターネット上のリソースにインスタンスとの通信を開始させないようにする場合に使用します。

Egress-Onlyインターネットゲートウェイは、IPv6トラフィックでのみ使用されます。

IPv4経由での送信専用のインターネット通信を可能にするには、代わりにNATゲートウェイを使用します。

▶ Amazon VPCエンドポイント

Amazon VPCエンドポイントは、AWSネットワークを離れることなく、VPCとAWSの他のサービスとのプライベート接続を可能にします。

エンドポイントを使用すると、Amazon EC2インスタンスでは、プライベートIPアドレスから同じリージョン内にあるAWSのサービスと通信できます。インターネット経由、NATインスタンス経由、VPN接続経由、DX経由の折り返し通信は不要です。VPCエンドポイントでは、VPC内のどのAmazon S3バケットにアクセスできるかを制御するポリシーを追加したり、特定のVPCにS3バケットをロックダウンするといったセキュリティ機能も追加で提供されます。AWSでは現在、Amazon S3およびAmazon DynamoDBと接続するためのVPCエンドポイントをサポートしています。

エンドポイントは仮想デバイスです。このエンドポイントは、スケーリングが水平方向であり、冗長性と高可用性を備えたVPCのコンポーネントです。これにより、ネットワークトラフィックに可用性のリスクや帯域幅の制約を課すことなく、VPCのインスタンスとサービス間で通信できるようになります。

2 その他のネットワークサービス

その他のネットワークサービスを解説します。

SECTION 2で解説したVPCフローログや、SECTION 5で解説した、AWS WAFとAWS Shieldもネットワークのサービスですので、確認しておきましょう。

▶ VPCピアリング

VPCピアリングは異なるVPC間を接続する、VPC間の仮想専用線サービスです。

同一AWSアカウント内での各VPCで相互接続を行ったり、アカウントを跨いだVPC間接続を行うことができます。

VPCピアリングでは、同一リージョン、同一アカウントだけではなく、別リージョン、別のアカウントとの複数のVPCとも接続が可能です。

ユースケース：

・パートナー企業のVPC

・複数の部署間の接続

・共有マスタDBが置かれたVPCを参照する、複数のサービスVPC

▶ Transit Gateway

Transit GatewayはVPCとオンプレミスのネットワークを相互接続するネットワークトランジットハブです。ネットワークトラフィックに基づいて伸縮自在にスケーリングするマネージドサービスです。

VPCピアリングでは、それぞれのVPCを1対1で接続するルートテーブルを設定する必要がありました。VPCの数が増えると、それぞれのVPC間のルートテーブルの管理が煩雑になります。

▼TransitGatewayのルーティング設定例

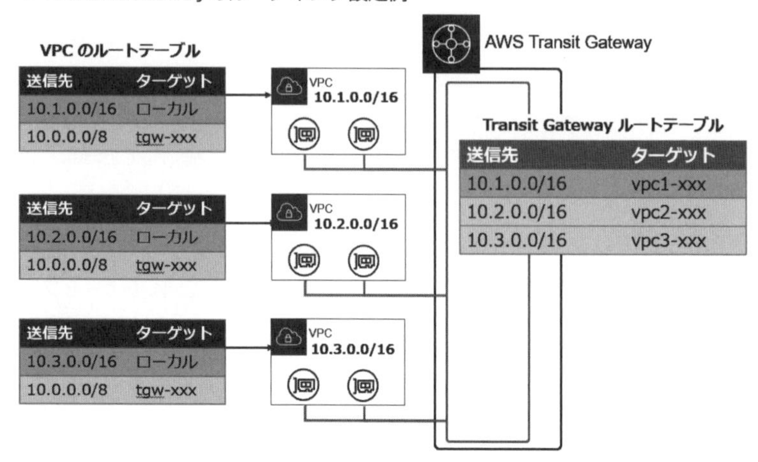

Transit Gatewayを使うことで、それぞれのVPCのルートテーブルはTransit Gatewayへのルートを設定し、Transit Gateway側のルートテーブルで一元集約管理することが可能となります。

Transit Gatewayは、VPC以外にも、VPN 接続、Direct Connectゲートウェイにも対応しています。

・単一のゲートウェイで最大5,000のVPCとオンプレミス環境を接続
・すべてのネットワーク間をつなぐハブとして機能する
・フルマネージド型で可用性の高い柔軟なルーティングサービス
・マルチキャストおよびリージョン間ピア接続が可能

▶Elastic IPアドレス(EIP)

Elastic IPアドレスはAWSが提供する固定IPサービスです。

EC2インスタンスやENIにアタッチすることができ、開放するまでユーザーが保持することが可能です。

デフォルトで1つのAWSアカウントで、それぞれのリージョンあたり5つのEIPに制限されています。

▶ Elastic Network Interface（ENI）

Elastic Network Interfaceは、VPC内のEC2インスタンスにアタッチできる仮想ネットワークインターフェイスです。

ENIを作成して、インスタンスにアタッチしたり、インスタンスからデタッチしたり、別のインスタンスにアタッチできます。

▼Elastic Network Interface（ENI）

Elastic network interface
・MAC アドレス
・パブリック IP アドレス
・プライベート IP アドレス
・Elastic IP アドレス

ENIは、MACアドレス、パブリックIPアドレス、プライベートIPアドレス、Elastic IPアドレスを維持したまま、別のインスタンスにアタッチすることが可能です。

EC2インスタンスに2番目のネットワークインターフェースとしてENIをアタッチすることで、管理ネットワークを作成したり、セキュリティアプライアンスや、ネットワークアプライアンスとして使用することができます。

▶ Traffic Mirroring

Traffic Mirroringは、EC2インスタンスにアタッチされているElastic Network Interfaceから受信トラフィックおよび送信トラフィックをコピーするサービスです。

ユーザーは、ミラーリングされているトラフィックを、別のEC2インスタンスのネットワークインターフェイス、またはUDPリスナが設定されたNLBに送信できます。

▶ Amazon Route 53

Amazon Route 53は、DNSサービスのマネージドサービスです。

Route 53は、世界400以上のエッジロケーションに配置され、稼働率100%というサービスレベルアグリーメント（SLA）で運用され、高可用性と低レイテンシーをサポートしています。

Route 53という名前は、DNSサービスのポート番号が53番ポートを利用しているところから名付けられています。

Route 53を利用すると、以下の3つの主な機能を実行できます。

■ドメイン名の登録

Route 53を使用して、ウェブサイトまたはウェブアプリケーションのドメイン名を登録できます。

従来利用していたドメインのネームサーバーとしてゾーンを登録することもできますし、新規にドメインを取得することも可能です。

もちろん、従来ドメインを管理していたレジストラからAWSにドメインを移管することもできます。

AWSにてドメインの管理をすると、ドメインの利用料金はAWSの利用料と合わせて請求されますので、ドメインの更新忘れといったリスクも回避できます。

■リソースのヘルスチェック

Route 53では、自動リクエストをインターネット経由でウェブサーバーなどのリソースに送信して、そのリソースが到達可能、使用可能、機能中であることを確認します。

また、リソースが使用不可になった場合に通知を受け取るようにしたり、インターネットのトラフィックを異常なリソースから遠ざけるようにルーティングしたりもできます。

各機能は組み合わせて使うことができます。例えば、Route 53を使用してドメイン名を登録した後にそのドメインのインターネットトラフィックをルーティングしたり、別のドメインレジストラに登録したドメインのインターネットトラフィックをルーティングしたりできます。

特に、AWSの各サービスは原則リージョン内で提供されるため、リージョンレベルでの災害対策や負荷分散を行う際にこのヘルスチェック機能を使います。

リージョン内で冗長化されているELBのヘルスチェックを行い、リージョンレベル災害等でELBが応答がない際に別のリージョンのELBにフェイルオーバー行うといったマルチリージョンフェイルオーバーを行うことができます。

■トラフィックのルーティング

様々なルーティングオプションにより、DNSの応答をカスタマイズできます。

クライアントの要件に沿った最適なルーティングや負荷分散を実現するために利用します。

代表的なルーティングオプションについて見ていきましょう。

●シンプルルーティングポリシー

問い合わせに対して、単一のIPアドレスを回答するシンプルなルーティングです。

一般的なDNSと同様なルーティングを行うことができます。

同一のレコードに複数のIPアドレスを設定することもでき、登録されたアドレスからランダムに返すDNSラウンドロビンによる負荷分散を行えます。

●位置情報ルーティングポリシー

ユーザーの地理的場所（DNSクエリの送信元の場所）に基づいてトラフィックをルーティングする際に使用します。

位置情報ルーティングを使用すると、ルーティング先のコンテンツをローカライズし、ウェブサイトの一部またはすべてをユーザーの言語で表示するといったことが可能です。

また、日本向けにのみ提供するサービスをこの位置情報ルーティングポリシーを使うことで、日本以外からの接続はサービスを行っていないといったページに遷移させることが可能になります。

●地理的近接性ルーティングポリシー

ユーザーとリソース間の物理的な距離に基づいてトラフィックをルーティングできます。

位置情報ルーティングポリシーとの違いは、ユーザーのクライアントとAWSリソース間の物理的距離まで考慮してルーティングを行うことができる点です。

●レイテンシーベースルーティングポリシー

複数のAWSリージョンにリソースがある場合に、ネットワークのラウンドトリップ時間が短く、レイテンシーの最も小さいリージョン（レスポンスが最速のもの）にトラフィックをルーティングする場合に使用します。

●加重ルーティングポリシー

１つのドメインに対して、複数個のDNSレコードを用意し、指定した比率で複数のリソースにトラフィックをルーティングします。

ソフトウェアのA/Bテストやカナリアリリースを行うために、加重ルーティングポリシーを使用できます。

●複数値回答ルーティングポリシー

登録されたレコードから、ランダムに選ばれた最大8つの正常なレコードを持つDNSクエリに応答する場合に使用します。

シンプルルーティングポリシーのDNSラウンドロビンとの違いは、ヘルスチェック機能が有効化され正常な応答を返すリソースにのみルーティングが行われます。

●フェイルオーバールーティングポリシー

Route 53のヘルスチェック機能を使い、アクティブスタンバイルーティングを実現します。

リージョンレベル災害等の対策として利用します。

▶ Amazon CloudFront

Amazon CloudFrontは、世界400以上のエッジロケーションを使い、超低レイテンシーでコンテンツを配信できるコンテンツ配信ネットワーク（CDN）サービスです。

■キャッシュ配信の設定

CloudFrontでキャッシュ配信を行うためには下記の手順で設定を行います。

①オリジンサーバーを選択

Amazon S3バケットやHTTP サーバーなど、CloudFrontがファイルを取得するオリジンサーバーを指定します。

HTTP サーバーは EC2 インスタンス、またはオンプレミスサーバーも指定できます。これらのサーバーはカスタムオリジンと呼ばれます。

②CloudFront ディストリビューションを作成

ウェブサイトまたはアプリケーションを使用してユーザーがファイルを要求した場合に、どのオリジンサーバーからファイルを取得するかをCloudFront

に指示します。また、CloudFront ですべてのリクエストのログを記録するか、ディストリビューションの作成直後にディストリビューションを有効にするかといった詳細を指定します。

③CloudFront によって新しいディストリビューションにドメイン名が割り当てられる

この時点では、サービスはディストリビューションの設定をすべてのエッジロケーションに送信しますが、コンテンツは送信しません。

3 章末サンプル問題

Q1. ある企業が、通常の状況運用の場合、受信Webトラフィックの70%をap-northeast-1リージョン、30%をap-northeast-3リージョンに送信したいと考えています。また、一方のリージョン内のサーバーがすべて停止した場合、すべてのトラフィックをもう一方のリージョンに再ルーティングしたいと考えています。これらの要件を満たすには、どうすればよいですか。

A. 加重ルールを使用して、ヘルスチェックを有効化するようApplication Load Balancerターゲットグループを構成する。
B. スティッキーセッションを有効化した、Network Load Balancerを構成し、加重ラウンドロビンの重みを70対30に設定する。
C. Amazon Route 53でCNAMEレコードを2つ作成し、70対30の動的トラフィックシェーピングを有効化する。
D. Route 53の加重ルーティングポリシーを使用し、重みを70対30に設定する。ヘルスチェックを構成する。

Q2. Amazon EC2インスタンスが、プライベートサブネット内にて動作しています。SysOpsアドミニストレーターは、SSHを使用して、同一のVPCサブネット内の踏み台ホストインスタンスからこのEC2インスタンスに接続することができます。情報システム部門担当者が踏み台ホストインスタンスからEC2インスタンスに対してpingコマンドを発行したところ、応答が返されません。企業ポリシーに従って、ICMPトラフィックを許可する必要があります。この問題をトラブルシューティングする方法を検討してください。

A. All ICMP - IPv4 Allowルールを追加して、ターゲットインスタンスに関連付けられているセキュリティグループの受信ルールを修正する。プライベートサブネットのCIDR範囲を送信元IPアドレスとして含める。
B. All ICMP - IPv4 Allowルールを追加して、プライベートサブネットに関連付けられているネットワークACLの受信ルールを修正する。プライベートサブネットのCIDR範囲を送信元IPアドレスとして含める。

C. All ICMP - IPv4 Allowルールを追加して、プライベートサブネットに関連付けられているルーティングテーブルを修正する。プライベートサブネットのCIDR範囲を送信元IPアドレスとして含める。
D. All ICMP - IPv4 Allowルールを追加して、VPCに関連付けられている仮想プライベートゲートウェイのルールを修正する。プライベートサブネットのCIDR範囲を送信元IPアドレスとして含める。

Q3.　ある企業が、プライベートサブネット内にあるAmazon EC2インスタンス上でアプリケーションを実行しています。このアプリケーションから、Amazon S3バケット内のデータにアクセスする必要があります。運用オーバーヘッドを最小限に抑えつつ、この要件を満たすには、どうすればよいですか。

A. ゲートウェイVPCエンドポイントを作成し、S3バケットに接続するよう構成する。
B. AWS Direct Connect接続を構成する。トラフィックをS3バケットにルーティングするためのプライベート仮想インターフェイス（VIF）を作成する。
C. AWS Client VPN接続を構成する。プレフィックスリストを使用して、このリンク上でトラフィックをルーティングする。
D. プライベートサブネットとAmazon S3の間にVPCピアリング接続を作成する。

Q4.　ある企業がVPCを使用しています。現在VPCのプライベートIPアドレス空間は10.0.0.0/16で設定しています。この企業は、既存のプライベートIPアドレス空間をすべて使い切っています。SysOpsアドミニストレーターはこの問題を解決する必要があります。ソリューションの要件は、複雑度を最小限に抑え、かつ費用対効果を最大化することです。これらの要件を満たすには、どうすればよいですか。

A. IPアドレスをIPv6に変換し、空きIPアドレスの数を増やす。
B. プライベートIPアドレス空間を10.0.0.0/16から、10.0.0.0/8に変更する。
C. 未使用のプライベートIPアドレスブロックを探す。そのブロックをVPCに追加する。

D. PCをもう一つ作成し、新しいプライベートIPアドレス空間を割り当てる。2つのVPC間にVPCピアリングを作成する。

■正解と解説

Q1.　正解　D

加重ルーティングポリシーを使用した場合、トラフィックを複数のリソース間で分散できます。キャパシティが異なる2種類のサイトにトラフィックを分散したり、リリースロールアウトの一環としてトラフィックを分散したりするために加重ルーティングポリシーを使用できます。また、ヘルスチェックを追加することにより、一方のリソースが異常状態になった場合、すべてのトラフィックを正常状態のリソースにルーティングできます。

A：不正解です。Application Load Balancerを使用した場合、アベイラビリティーゾーン間で負荷を分散することはできますが、リージョン間で負荷を分散することはできません。

B：不正解です。Network Load Balancerには、スティッキーセッション機能や加重ラウンドロビン機能はありません。また、リージョン間で負荷を分散することができません。

C：不正解です。Amazon Route 53のCNAMEレコードにおいて、動的トラフィックシェーピングは使用できません。

Q2.　正解　A

pingコマンドはICMPトラフィックの一種です。セキュリティグループでは、デフォルトですべての受信トラフィックがブロックされます。セキュリティグループにおいて、インスタンス間のSSHトラフィックまたはその他の種類のTCPトラフィックを許可していたとしても、ICMPをセキュリティグループに明示的に追加する必要があります。

IPv4を使用してインスタンスにpingコマンドを送信するには、そのインスタンスに関連付けられているセキュリティグループに、次の受信ICMPルールを追加する必要があります。

B：不正解です。踏み台ホストとこのEC2インスタンスは同じサブネット内にあるので、ネットワークACLルールは評価されません。ICMPをネットワークACLルールに追加する必要はありません。

C：不正解です。ルーティングテーブルでは、プロトコルではなくIPアドレスに基づいてトラフィックのルーティング先が決定されます。SSH

を使用して踏み台ホストインスタンスからこのEC2インスタンスに接続できるので、ルーティングテーブルでは既に、この2個のインスタンス間でトラフィックを自由に転送できるようになっています。したがって、ルーティングテーブルは問題の原因ではありません。

D：不正解です。仮想プライベートゲートウェイにルールセットはありません。特定のプロトコルを仮想プライベートゲートウェイレベルで許可または拒否するために編集するものは何もありません。

Q3. 正解 A

VPCエンドポイントを使用した場合、VPCをサポート対象のAWSサービスおよびVPCエンドポイントにプライベート接続できます。インターネットゲートウェイ、NATデバイス、VPN接続、およびDirect Connect接続は不要です。また、サービス内のリソースと通信できるようにするために、VPC内のインスタンスにパブリックIPアドレスを割り当てる必要はありません。VPCと他のサービスの間で送信されるトラフィックが、Amazonネットワーク外に出ることはありません。

B：不正解です。Direct Connectは、オンプレミスデータセンターとAWSクラウドの間のネットワーク通信として使用されます。EC2インスタンスとAmazon S3の間のネットワーク通信には使用されません。

C：不正解です。Amazon S3へのVPN接続を作成することはできません。

D：不正解です。Amazon S3へのVPCピアリング接続を作成することはできません。Amazon S3は、VPCベースのサービスではありません。

Q4. 正解 C

このソリューションは、CIDR範囲を追加するものであり、VPCをもう一つ作成してVPCピアリングを作成するソリューションに比べて、作業ステップ数が少なくなります。また、コストも低くなります。プライベートIPアドレスを使用している場合、同じアベイラビリティーゾーン内のEC2インスタンス間で転送されるデータに対しては、料金が発生しないからです。

A：不正解です。VPC内のAmazon EC2インスタンスはすべて、IPv4アドレスとIPv6アドレスの両方が割り当てられたデュアルスタック型です。空きIPv4アドレス数より多い数のIPv6アドレスを割り当てることはできません。

B：不正解です。VPCで使用可能な最大IPアドレスブロックは/16です。

D：不正解です。VPCをもう一つ作成した場合、コストと複雑度が高くなります。両方のVPCが同じAWSリージョン内に配置されていたとしても、VPC間で転送されるデータに対して料金が発生します。複雑度が高くなるのは、2つ目のVPCが必要であり、両方のVPC内のルーティングテーブルを修正する必要があるからです。

SECTION 7

コストおよびパフォーマンスの最適化

このセクションでは、コスト最適化戦略の実装方法や用いるツール、パフォーマンス最適化の考え方やサポートするツールについて解説していきます。

1　コスト最適化戦略の実装

▶コスト配分タグ

AWSの料金はアカウントごとに利用したサービスに基づいて請求が発生しますが、1つのアカウントで複数の部門やプロジェクトごとの費用を計上するケースがあります。そこで利用するのがコスト配分タグです。

▼コスト配分タグ

コスト配分タグには、ユーザー定義のコスト配分タグと、AWS生成コスト配分タグの2種類があります。

■ユーザー定義のコスト配分タグ

コスト配分タグとは、AWSリソースに付ける名前のようなものとイメージすると良いでしょう。

タグはそれぞれ、1つの"キー"と1つの"値"の組み合わせで構成されており、どちらもユーザーが名前をつけます。

▼CostTag

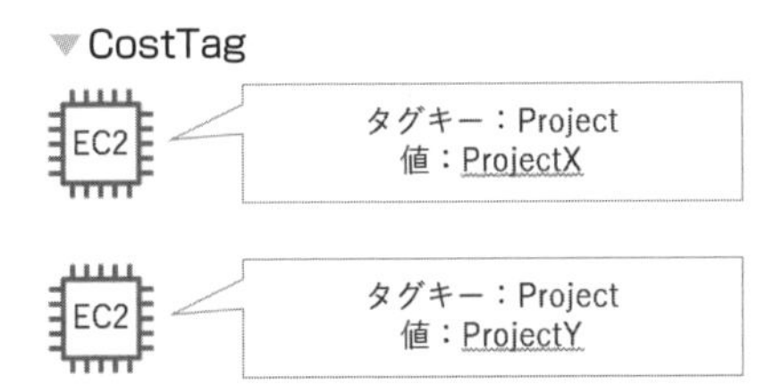

EC2インスタンスなどのリソースにタグをつけることで、コストエクスプローラーや請求レポートにおいてユーザーで設定したタグごとにフィルタリングを行い利用料金を出力することができます。

例えば、同一部門にて複数のプロジェクトがあり、同じアカウントでそれぞれ複数のEC2インスタンスを使っているとします。

▼EC2インスタンスへのタグ設定

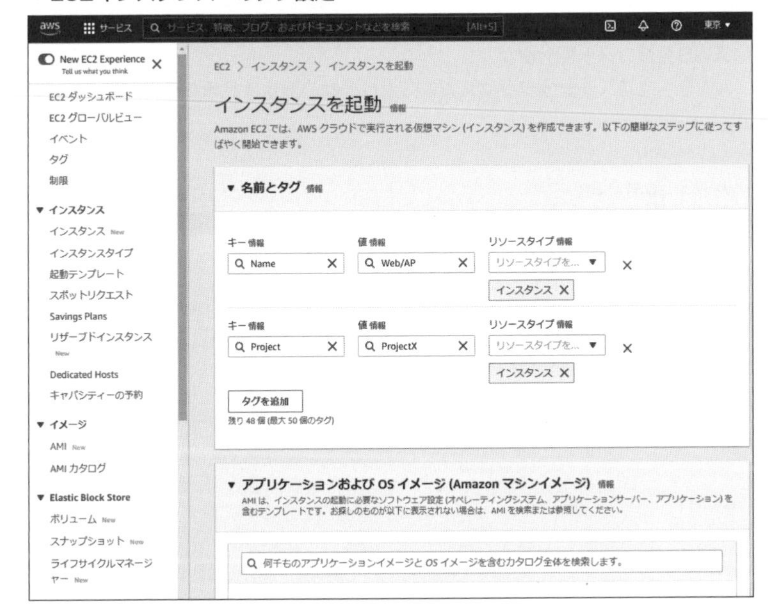

プロジェクトごとに、タグの値としてプロジェクトごとの名前を付けることにより、同じEC2のコストでもプロジェクトごとに分けて確認することができます。

●ユーザー定義のコスト配分タグのアクティブ化

請求レポートにタグを表示するには、請求情報とコスト管理コンソールで有効化する必要があります。

以下の手順で、コスト配分タグを有効化します。

1. AWS Management ConsoleにサインインしてAWS請求ダッシュボードを開きます。
2. ナビゲーションペインで、[コスト配分タグ]を選択します。
3. アクティブ化するタグを選択します。
4. [有効化]を選択します。

■AWS生成コスト配分タグ

AWS生成コスト配分タグはAWSにより自動で設定されるため、利用は簡単です。

▼AWS Cost Tag

AWS生成コスト配分タグのタブにて、有効化を行います。

タグが有効になるまでに最大24時間かかることがあります。

▶ AWS Compute Optimizer

AWS Compute Optimizerは、AWSリソースの設定と使用率のメトリクスを分析するサービスです。Compute Optimizerは、ユーザーのワークロードに対して、より効率的なAWSのコンピューティングリソースを推奨し、コストの削減とパフォーマンスの向上を図ります。Compute Optimizerでは、機械学習を使用して過去の使用率のメトリクスを分析することによって、リリースが最適かどうかの推進事項を評価できます。

コンピューティング性能を過剰にプロビジョニングすると、不要なインフラストラクチャコストが発生します。一方、コンピューティング性能のプロビジョニングが不十分な場合、アプリケーションのパフォーマンスが低下する可能性があります。Compute Optimizerを使うことで、使用率データに基づいて最も効果的なAmazon EC2インスタンスタイプを選択できます。インスタンスタイプには、Amazon EC2 Auto Scalingグループの一部が含まれています。

▶ AWS Trusted Advisor

AWS Trusted Advisorは、AWS Well-Architectedフレームワークの5つの柱に沿って現在のAWSアカウントにて運用中のAWSサービスに対するベストプラクティス推奨ツールです。

▼Trusted Advisor

コストの最適化、セキュリティ、耐障害性、パフォーマンス、サービスの制限といったAWSのベストプラクティスに基づく5つのカテゴリにわたるチェックと推奨事項を提供します。

(2021年12月に新しくAWS Well-Architectedフレームワークに追加された「持続可能性の柱」は2022年11月現在、Trusted Advisorの評価項目には含まれておりません。)

1. コスト最適化
2. パフォーマンス
3. セキュリティ
4. 耐障害性
5. サービスの制限

また、週に一度メールでの推奨事項に関する通知を受けることも可能です。

代表的なチェックされる項目の例について、以下に記載します。

■コスト最適化

未使用のリソースやアイドル状態のリソースの除外やリザーブドキャパシティの契約など、AWSでコストを節約する方法がチェックされます。

●Amazon EC2リザーブドインスタンスの最適化

AWSの利用に関して重要なのは、リザーブドインスタンス(RI)の購入とオンデマンドインスタンスの使用量のバランスをとることです。このチェックは、オンデマンドインスタンスの使用により発生するコストを削減するRIに関する推奨事項を提供するものです。

これらの推奨値を生成するには、過去30日間のオンデマンド使用量を分析し、使用量を予約の対象カテゴリに分類します。次に、作成した使用カテゴリにある予約のすべての組み合わせをシミュレートし、購入するRIの各タイプの最適な数を特定して節約額を最大化します。

このチェックでは、部分的な前払いオプションを選択した標準のリザーブドインスタンスに基づいて、推奨値を算出しています。

●使用率の低いAmazon EC2インスタンス

直近14日間のいずれかの時間に実行したAmazon Elastic Compute Cloud (Amazon EC2) インスタンスをチェックし、1日あたりのCPU使用率が10%

以下でネットワークI/Oが5MB以下の日が4日以上あった場合に警告します。

インスタンスを実行すると、一時間当たりの使用料が発生します。一部のシナリオでは低稼働率になるよう設計されている場合がありますが、多くの場合、インスタンスの数と規模を管理することによりコストを削減できます。

●使用率の低いAmazon EBSボリューム

Amazon Elastic Block Store(Amazon EBS)ボリュームの設定をチェックし、ボリュームが十分に使用されていない可能性を警告します。ボリュームが作成されると課金が開始されます。ボリュームがアタッチされていない状態で残っている場合や、一定期間に行われた書き込み操作が非常に少ない場合（ブートボリュームを除く）、そのボリュームは使用されていない可能性があります。

■パフォーマンス

サービス制限の確認、プロビジョンドスループットの活用、利用率が高すぎるインスタンスにモニタリングを行って、サービスのパフォーマンスを向上します。

●高い使用率のAmazon EC2インスタンス

過去14日間に常時実行されていたAmazon Elastic Compute Cloud(Amazon EC2)インスタンスをチェックし、4日以上の間1日あたりのCPU使用率が90%を超えていた場合に警告します。

稼働率が定常的に高いということは、パフォーマンスが最適化され安定していることを示す場合もありますが、アプリケーションのリソースが十分でないことを示す場合もあります。毎日のCPU使用率データを入手するには、このチェックのレポートをダウンロードしてください。

●Amazon EBSプロビジョンドIOPS(SSD)ボリュームアタッチ設定

Amazon EBS最適化が可能であるにも関わらずEBS最適化がされていないAmazon Elastic Compute Cloud(Amazon EC2)インスタンスにアタッチされているプロビジョンドIOPS(SSD)ボリュームをチェックします。Amazon Elastic Block Store(Amazon EBS)のプロビジョンドIOPS(SSD)ボリュームは、それらがEBS最適化インスタンスにアタッチされている場合に限り、期待されるパフォーマンスを実現するように設計されています。

●EC2セキュリティグループルールの増大

過剰な数のルールについて各Amazon Elastic Compute Cloud(EC2)セ

キュリティグループをチェックします。セキュリティグループに多数のルールがあると、パフォーマンスが劣化する場合があります。

●Amazon Route 53エイリアスリソースレコードセット

パフォーマンスを向上させてコストを節約するためにエイリアスリソースレコードセットに変更できるリソースレコードセットをチェックします。エイリアスリソースレコードセットはDNSクエリをAWSのリソース（例えば、Elastic Load Balancingロードバランサー、Amazon S3バケット）、または別のRoute 53のリソースレコードセットにルーティングします。エイリアスリソースレコードセットを使用すると、Route 53はDNSクエリを無料でAWSのリソースにルーティングします。AWSのサービスで作成されたホストゾーンはチェック結果に表示されません。

●CloudFront代替ドメイン名

DNS設定が正しく行われていない代替ドメイン名（CNAMES）のAmazon CloudFrontディストリビューションをチェックします。CloudFrontディストリビューションに代替ドメイン名が含まれている場合、そのドメインのDNS設定はDNSクエリをそのディストリビューションにルーティングする必要があります。

注意点として、このチェックは、Amazon Route 53 DNSとAmazon CloudFrontディストリビューションが同じAWSアカウントで設定されていることを前提としています。

●AWS Well-Architectedパフォーマンス効率化のための高リスク問題

AWS Well-Architectedフレームワークのパフォーマンスの柱で、ワークロードのリスクの高い問題（HRI）をチェックします。このチェックは、AWS Well-Architectedのレビューに基づいています。チェック結果は、AWS Well-Architectedでワークロード評価を完了したかどうかによって異なります。

■セキュリティ

セキュリティ面に足りない部分を補い、各種のAWSセキュリティ機能を有効化し、アクセス許可を確認して、アプリケーションのセキュリティを向上します。

●セキュリティグループ - 制限されていない特定のポート

特定のポートへの無制限アクセス（0.0.0.0/0）を許可するルールについてセ

キュリティグループをチェックします。無制限アクセスは悪意のあるアクティビティ（ハッキング、サービス拒否攻撃、データの喪失）の機会を増加させます。リスクが最も高いポートは赤色でフラグされ、それよりもリスクが低いポートは黄色でフラグされます。緑色でフラグされたポートは、通常HTTPおよびSMTPなどの無制限アクセスを必要とするアプリケーションによって使用されています。

セキュリティグループを意図的にこのような設定にした場合は、インフラストラクチャをセキュア化するための追加のセキュリティ対策（IPテーブルなど）を講じることをお勧めします。

●セキュリティグループ - 無制限アクセス

リソースへの無制限アクセスを許可するルールについてセキュリティグループをチェックします。無制限アクセスは悪意のあるアクティビティ（ハッキング、サービス拒否攻撃、データの喪失）の機会を増加させます。

●IAMの使用

このチェックは、少なくとも1つのIAMユーザーの存在をチェックすることにより、ルートアクセスの使用を阻止することを目的としています。IDを一元化し、外部IDプロバイダーまたはAWS Single Sign-Onでユーザーを設定するベストプラクティスに従っている場合は、アラートを無視できます。

●AWS CloudTrailロギング

AWS CloudTrailの使用をチェックします。CloudTrailは、アカウントで実行されたAWS APIコールに関する情報を記録することによって、AWSアカウントにおけるアクティビティに対する可視性を向上させます。これらのログを使うことにより、例えば、指定された期間中に特定のユーザーが実行したアクション、または指定された期間中に特定のリソースに対してアクションを実行したユーザーを判断することができます。CloudTrailはログファイルをAmazon Simple Storage Service（Amazon S3）バケットに配信するため、CloudTrailにはそのバケットに対する書き込み許可が必要です。証跡がすべてのリージョンに適用される（新しい証跡作成時のデフォルト）場合、その証跡はTrusted Advisorレポートに複数回表示されます。

■耐障害性

●Amazon EBSスナップショット

Amazon Elastic Block Store（Amazon EBS）ボリューム（使用可能または

使用中）のスナップショットが作成されてから経過した期間をチェックします。Amazon EBSボリュームはレプリケートされますが、それでもエラーが発生する場合があります。スナップショットは、耐久性のあるストレージとポイントインタイムリカバリのためにAmazon Simple Storage Service（Amazon S3）に永続的に保存されます。

●Amazon EC2アベイラビリティーゾーンのバランス

リージョン内のアベイラビリティーゾーン全体におけるAmazon Elastic Compute Cloud（Amazon EC2）インスタンスの分配をチェックします。アベイラビリティーゾーンとは、他のアベイラビリティーゾーン内でのエラーから隔離され、安価で低レイテンシーのネットワーク接続を同じリージョン内の他のアベイラビリティーゾーンに提供するように設計された個別のロケーションです。同じリージョン内の複数のアベイラビリティーゾーンでインスタンスを起動することによって、アプリケーションを単一障害点から保護することができます

●Amazon RDSバックアップ

Amazon RDS DBインスタンスの自動バックアップをチェックします。デフォルトで、バックアップは保持期間１日で有効化されています。バックアップは予期しないデータ喪失のリスクを低減し、ポイントインタイムリカバリを可能にします。

●Amazon S3バケットバージョニング

バージョニングが有効化されていない、またはバージョニングが停止されているAmazon Simple Storage Serviceバケットをチェックします。バージョニングを使用すると、意図しないユーザーアクションとアプリケーション障害の両方から簡単に復旧することができます。バージョニングは、バケットに保存された任意のオブジェクトの任意のバージョンを保存、取得、および復元できるようにします。Glacierストレージクラスへのオブジェクトのアーカイブ、または指定された期間後のオブジェクトの削除を自動的に行うことによって、オブジェクトの全バージョン、およびそれらに関連するコストを管理するために、ライフサイクルルールを使用することができます。オブジェクトの削除、またはバケットへの設定変更に対してMulti-Factor Authentication（MFA）を義務付けることも選択できます。

バージョニングを有効にした後で無効化することはできませんが、停止することは可能です。停止することによって、オブジェクトの新しいバージョンの作成

が阻止されます。バージョニングの使用は、オブジェクトの複数バージョンのストレージに料金を支払うことになるため、Amazon S3のコストを増加させる場合があります。

■サービスの制限

サービスの使用量がサービスの制限の80%を超えていないか、チェックします。この値はスナップショットに基づいているため、現時点での使用量とは異なる場合があります。クォータと使用状況のデータは、反映されるまでに最大24時間かかります。

AWSリージョンのサービスクォータに達した場合は、AWSサービスクォータ（Quotas）コンソールから増加をリクエストできます。

●DynamoDBの書き込みキャパシティ

書き込みに対するDynamoDBプロビジョンドスループットの1アカウントあたりの制限の80%を超える使用量をチェックします。

●DynamoDBの読み込みキャパシティ

読み込みに対するDynamoDBプロビジョンドスループットの1アカウントあたりの制限の80%を超える使用量をチェックします。

●EC2オンデマンドインスタンス

EC2オンデマンドインスタンスの制限の80%を超える使用量をチェックします。

●Auto Scalingグループ

Auto Scalingグループの制限の80%を超える使用量をチェックします。

■サポートプランごとのTrusted Advisorにて利用できるチェック項目

大変便利なTrusted Advisorですが、利用可能な項目は契約されているサポートプランによって異なります。

ビジネスプラン以上（エンタープライズプランを含む）ではすべての項目が利用可能です。

AWSアカウントを作成した際に無料でついてくるベーシックプランと、デベロッパープランでは必要最小限の機能に限定されます。

検証用環境等では、必要最小限のセキュリティおよび、サービスの制限については提供されるので確認することができますが、ビジネスで利用される際インシデント発生時の迅速な対応のために、24時間365日テクニカルサポートの受付可能なビジネスプラン以上のサポートプランの加入が必須となるでしょう。

	ベーシック	デベロッパー	ビジネス	エンタープライズ
コスト最適化			○	○
パフォーマンス			○	○
セキュリティ	△	△	○	○
耐障害性			○	○
サービスの制限	○	○	○	○

▶ AWSサービスクォータ（Quotas）

AWSサービスクォータ（Quotas）はサービスごとの制限値の管理および、緩和申請を行うことができるツールです。

AWSのアカウントには、すべてのユーザーに可用性と信頼性の高いサービスを提供し、またオペレーションミスなどによる意図しない支出からユーザーを保護するためのクォータ（制限）を実装しています。

AWSアカウント単位、サービス単位で制限値の確認と上限緩和申請を出すことができるようになりました。

AWS Organizationsと統合し、新しいアカウントでクォータを簡単に設定することもできます。サービスクォータを使用して、AWS Organizationsを通じて作成した新しいアカウントに適用される定義済みクォータリクエストテンプレートを設定することで行うことができます。

AWSサービスクォータがサービス提供されるまでは、サポートから個別に上限緩和申請のチケットを作成する必要がありましたが、この機能によりAWSアカウントの状態を把握しやすくなり、上限緩和申請のリクエストも簡単に上げることができるようになりました。

▼Quotas

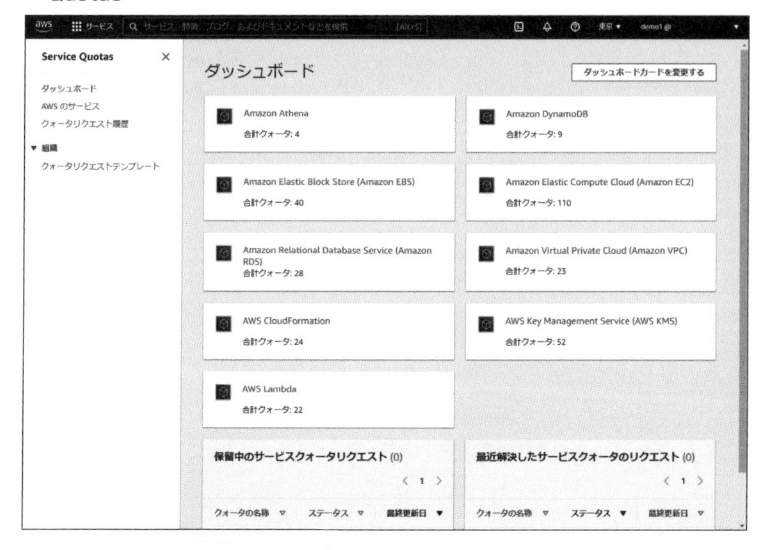

▶AWS Cost Explorer

AWS Cost Explorerは、AWSのコストと使用量を経時的に可視化、把握、管理するために使用するツールです。

▼CostExplorer

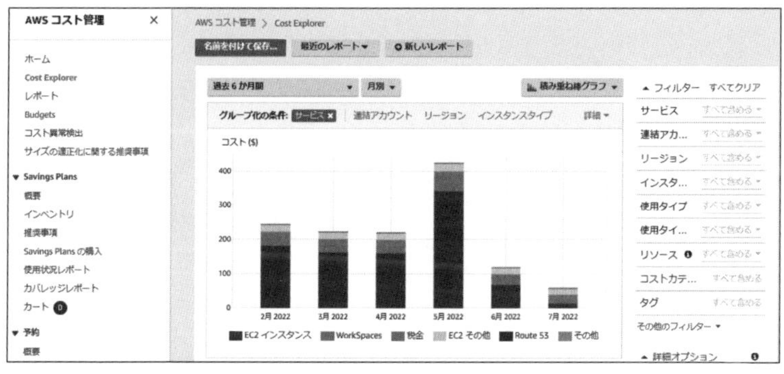

Cost Explorerでは、AWSのコストと使用量を日単位または月単位で可視化、把握、管理できます。このツールを使用すると、使用タイプやタグなどの詳細なフィルタリングや切り口のグループ化により、データをより深く掘り下げることができます。また、時間やリソースレベルの詳細度を選択してデータにアクセスすることができます。

Cost Explorerに表示されるデータは、ユーザーの設定によって異なります。1回払いの料金とサブスクリプション料金（リザーブドインスタンスやAWSサポートなど）は、使用料金および繰り返し課金とは別に、その発生日に算出されます。現在の請求期間の料金は概算であり、明細書期間の実際の請求金額とは異なる場合があります（請求プロセス実行後に確定）。また、すべての課金と料金は米ドルで表示され、日付は協定世界時（UTC）で表示されます。

▶ AWS Budgets

AWS Budgetsは、予算を作成してサービスの使用量、サービスのコストの確認や、インスタンスの予約計画を行うことができるツールです。

▼Budgetsr

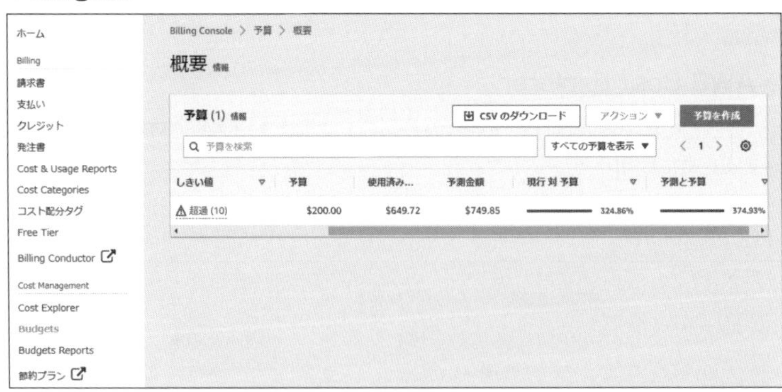

AWS Budgetsの情報は、1日に3回更新されます。これにより、使用量が予算額またはAWS無料利用枠の制限にどれくらい近くなっているかを正確に判断できます。

AWS Budgetsでは、使用量が予算額を超える（または超えると予測される）場合のカスタムアラートを設定することもできます。

Amazon EC2の予算を設定したとします。社内でのその月のAmazon EC2

の使用金額が200 USDを超えないようにしたいと考えています。

AWS Budgetsでは、カスタム予算を設定して、使用金額がこの金額の半分（100 USD）に達したときに通知を受け取るようにすることができます。アラートを受け取ったら、その後の進め方を決定します。

▶ Amazon CloudWatch請求アラーム（billing alarms）

Amazon CloudWatch請求アラームは、AWSの**予想**請求額をモニタリング、アラーム通知を行ってくれるツールです。

使用中のAWSアカウントに対する予想請求額のモニタリングを有効にすると、予想請求額が計算され、メトリクスデータとしてCloudWatchに1日**複数回**送信されます。

請求メトリクスデータは、米国東部（バージニア北部）リージョンに保存され、ワールドワイドの請求額として表されます。このデータには、使用したAWSの各サービスに対する予想請求額と、AWS全体の予想請求額が含まれています。

アカウントへの請求が指定したしきい値を超えると、アラームがトリガーされます。トリガーされるのは、実際の請求がしきい値を**超えた**場合のみです。当月のそれまでの使用状況に基づく予測は参照されません。

請求が既にしきい値を超えているときに請求アラームを作成した場合、アラームは直ちにアラーム状態になります。

2 パフォーマンス最適化の実装

パフォーマンス最適化の実装では、このSECTIONで解説したTrusted Advisorのパフォーマンスの項目に対応することが近道です。

また、SECTION 2で解説したCloudWatchを利用して、各種メトリクスからボトルネックとなっているリソースの特定を行いましょう。

EBSのパフォーマンスに関しては、SECTION 3で解説したEBSのメトリクスを測定して、最適なボリュームタイプを選択します。

S3のパフォーマンスに関しては、SECTION 3で解説したS3 Transfer AccelerationやS3マルチパートアップロードを活用します。

EC2のパフォーマンスに関しては、このSECTIONで解説したCompute Optimizerや、SECTION 3で解説した、プレイスメントグループを利用することも考えましょう。

この項目では、RDSのパフォーマンス最適化に使えるサービスを解説します。

▶ Amazon RDS Performance Insights

Amazon RDS Performance Insights はデータベースのパフォーマンスチューニングとモニタリングを行う機能です。

データベースの負荷をすばやく評価し、いつどこに措置を講じたらよいかを判断するのに役立ちます。

Performance Insights のダッシュボードでは、データベースの負荷が可視化されるため、専門的知識のないユーザーでもパフォーマンスの問題を検出できます。

便利なPerformance Insightsですが、実証実験や自己学習の為に小さなサイズのDBインスタンスクラスを使うとPerformance Insightsを利用できないインスタンスクラスもありますのでご注意ください。

▼Performance Insights

Amazon RDS DB エンジン	インスタンスクラスに関する制限
Amazon RDS for MariaDB	db.t2.micro サポート対象外 db.t2.small サポート対象外 db.t3.micro サポート対象外 db.t3.small サポート対象外 db.t4g.micro 10.6以降が必要 db.t4g.small 10.6以降が必要
Amazon RDS for MySQL	db.t2.micro サポート対象外 db.t2.small サポート対象外 db.t3.micro サポート対象外 db.t3.small サポート対象外 db.t4g 8.0.25以降が必要
Amazon RDS for Microsoft SQL Server	制限なし
Amazon RDS for PostgreSQL	制限なし
Amazon RDS for Oracle	制限なし
Amazon Aurora MySQL-Compatible Edition	db.t2 サポート対象外 db.t3 サポート対象外 db.t4g 2.10.1（MySQL 5.7互換）以降が必要 db.t4g 3.01.0 and 3.01.1（MySQL 8.0互換）以降が必要
Amazon Aurora MySQL-Compatible Edition	制限なし

▶Amazon RDS Proxy

Amazon RDS Proxyは、RDS向けの高可用性フルマネージド型データベースプロキシサービスです。対応しているRDS DBエンジンは、MySQLとPostgreSQL、およびAurora MySQLとAurora PostgreSQLをサポートしています。

次のような代表的な機能があります。

■接続プーリング

接続プーリングにより、大量の接続要求によるデータベースの負荷を削減します。

■**高速フェイルオーバー**

高速フェイルオーバーにより、可用性が向上します。

■**アプリケーションのセキュリティ向上**

アプリケーションとRDS Proxy間をIAM認証やTLS1.2を利用することでセキュリティが向上します。

パフォーマンスの課題に関しては、RDS Proxyの接続プーリング機能を使うことで、大量のクライアントからのアクセスが発生しても、RDSへの接続の開閉に伴うデータベースの負荷（TLS/SSLのハンドシェイク、認証、ネゴシエーション機能などのCPU負荷など）を削減することができます。

3 章末サンプル問題

Q1. ある企業が、Project-Codeという名前のタグの値に基づいてAmazon EC2支払額を追跡したいと考えています。この企業の経営陣が、すべてのEC2インスタンスにこのタグを付けるように開発者に指示しました。開発者は、この作業が完了したことを経営陣に報告しました。その週の後半、財務チームのメンバーがCost Explorerを確認しました。各アカウントにおけるEC2コストは表示されますが、フィルタリングまたは分類するために必要なProject-Codeタグが表示されません。Project-Codeタグが表示されない理由として、最も可能性が高いものはどれですか。

A. AWS Billing and Cost Managementコンソールで、Project-Codeタグがコスト配分タグとして有効化されていない。
B. タグキー名にハイフン (-) は利用できないので、Project-Codeタグは無効扱いになっている。
C. インスタンスが再起動され、再起動後に開発者がProject-Codeタグを再追加し忘れた。
D. IAMユーザーは、Cost Explorerでタグを表示する権限を持っていない。

Q2. ある企業の開発チームが、AWS上でテストを実行しています。このテストのコストを予算内に収める必要があります。また、承認済みのAWSサービスおよびAWSリソースだけをテスト用として使用可能にする必要があります。これらの要件を満たすには、どうすればよいですか。

A. AWSアカウントをもう一つ作成する。このアカウントをテスト用として使用することを、熟練開発者にのみ許可する。コストを監視し、かつ承認済みのAWSサービスおよびAWSリソースだけを使用するように開発チームに指示する。
B. テスト専用のAWSアカウントを作成する。AWS Budgetsを有効化し、発生するコストを監視する。承認済みのAWSサービスおよびAWSサービスのリストを開発チームに提供し、リソースのプロビジョニングに使用可能なAWS Service Catalogポートフォリオを作成する。

C. 承認済みのAWSサービス及び、AWSリソースだけを利用するように、開発チームに指示する。すべてのプロビジョニング済みリソースにタグを付けるように開発者に指示をする。これにより、Cost ExplorerおよびAWS Budgetsを使用してリソースコストを監視できるようになる。
D. Cost Explorerを使用して、テスト用として承認済みのAWSサービス及び、AWSリソースのコストだけを監視する。

Q3. **テストチームがAmazon EC2インスタンスを使用して、負荷テストを実施しています。負荷テストにおける要件として、インスタンスタイプおよびAWSリージョンが指定されています。EC2インスタンスにおいてAmazon Elastic Block Store（Amazon EBS）ボリュームが使用されています。このチームがインスタンスを追加しようとすると、InstanceLimitExceededエラーが発生します。このエラーを解消する解決策を検討して下さい。**

A. Amazon EC2に対するサービスクォータを増やす。
B. テストを別のアベイラビリティーゾーンにて行う。
C. EC2インスタンスを削除し、再起動する。
D. EBSボリュームをデタッチし、インスタンスを再起動する。

■正解と解説

Q1.　正解　A

A：正解です。Cost Explorerで、タグに基づいてコストをフィルタリングまたは分類するには、そのタグキーをコスト配分タグとして有効化する必要があります。Cost Explorerでタグに基づいてコストを分析するには、2ステップのプロセスを実行します。まず、リソースにタグを付け、次に、それらのタグをコスト配分タグとして有効化します。
B：不正解です。タグキー名の中でハイフン（-）を使用できます。
C：不正解です。インスタンスの再起動時にタグが削除されることはありません。
D：不正解です。Cost Explorerでタグを表示するために必要なIAM権限は、特にありません。Cost Explorerコンソールを使用するIAM権限を持っているユーザーは、Cost Explorerでタグに基づいて、コストをフィルタリングおよび分類することができます。

Q2. 正解 B

A：不正解です。開発者用アカウントを新規に作成しても、コストを監視し、AWSサービスおよびAWSリソースへのアクセスを制限する要件を満たすことはできません。

B：正解です。AWS Budgetsは、コストを監視し、コストに関するアラートを受け取る目的で、アカウントレベルで使用できます。これにより、テストおよびその他のイノベーションに関連するコストを管理できます。また、各種のAWSサービスを使用して、支出を監視したり、プロビジョニング可能なAWSサービスに関する制限を実装したりすることができます。

C：不正解です。コスト、使用されるAWSサービスおよびリソースを監視するよう開発者に指示しても、このシナリオにおける要件を満たすことはできません。タグ付けとは、リソースに対するメタデータを追加指定することです。コストを監視するには、タグをコスト配分タグとして有効化し、Cost ExplorerおよびAWS Budgetsで使用できるようにする必要があります。

D：不正解です。このソリューションでは、使用可能なAWSサービスを制限したり、コストを監視したりすることができません。

Q3. 正解 A

A：正解です。サービスクォータは、アカウントで標準的に起動されるインスタンス数よりも多い数のインスタンスが起動されるのを防ぐことによって、そのアカウントを保護する仕組みです。ただし、適正な使用パターンが変化した場合、その新しい使用パターンに合わせてクォータを修正する必要があります。

B：不正解です。サービスクォータは、リージョンごとに設定されています。テストを別のアベイラビリティーゾーンで実行しても、同じエラーが発生します。

C：不正解です。インスタンスを削除しても、この問題は解決されません。

D：不正解です。EBSボリュームをアタッチしているかどうかは、このエラーメッセージに関係ありません。

MEMO

SECTION 8

本番想定問題集

このセクションには本試験と同様のアプローチで現場要件を想定した問題を用意しました。これらはあくまでも想定問題なので、本試験とは問題数や形式、内容などが異なることをご承知おきください。

1 問題

Q1. 100台のAmazon EC2インスタンスフリートで構成されたデータ処理アプリケーションが稼働しています。これらのインスタンスはすべて、同じAmazon Linux 2 Amazon Machine Image(AMI)から起動されています。各インスタンスにはアプリケーション名のタグが付けられています。オペレーティングシステム用セキュリティパッチを100台のインスタンスすべてに適用する必要があります。SysOpsアドミニストレーターは、自動化ツールを使用してこのパッチをインスタンスに適用する必要があります。また、将来のパッチ適用プロセスを自動化し、手動作業をできるだけ少なくする必要があります。さらに、パッチの適用後には、どのインスタンスに最新のセキュリティパッチが適用されているかを示すレポートが生成される必要があります。これらの要件を満たすには、どうすればよいですか。

A. AWS Systems Manager Patch Managerを使用して、アプリケーションタグを共有しているEC2インスタンスに対するパッチベースラインを作成する。Patch Managerの[Patch now]オプションを使用して、パッチをすべてのインスタンスに適用する。将来のパッチ適用に備えてメンテナンスウィンドウを構成する。
B. AWS Systems Manager Run Commandを使用して、アプリケーションタグを共有しているEC2インスタンスに対するパッチベースラインを作成する。Run Commandの[Patch now]オプションを使用して、パッチをすべてのインスタンスに適用する。将来のパッチ適用に備えてメンテナンスウィンドウを構成する。
C. SSHを使用して、アプリケーションタグを共有しているすべてのインスタンスに接続する。セキュリティパッチをダウンロードしてインストールし、レポート生成元データベースを更新するスクリプトを実行する。新しいパッチがリリースされるたびに、同様の作業を行う。
D. 最新のセキュリティパッチをダウンロードしてインストールするスクリプトを記述する。AWS Systems Manager Run Commandを使用して、アプリケーションタグを共有するすべてのインスタンス上でこのスクリプトを実行する。新しいパッチがリリースされるたびに、同様の作業を行う。

Q2. 全世界に顧客を持つ小売企業が、新商品を掲載するため、オンラインカタログアプリケーションを更新しようとしています。静的アセットは、Amazon Elastic File System(Amazon EFS)ファイルシステムに格納されています。このファイルシステムは、Webサーバーとして使用されているAmazon EC2インスタンスにマウントされています。この企業は、Amazon CloudFrontディストリビューションを展開し、このWebサーバーをディストリビューションのオリジンとして設定しています。この企業は、静的アセットを取得するためにオリジンにルーティングされるリクエストの数を制限したいと考えています。また、CloudFrontのキャッシュから直接配信されるリクエストの割合を増やしたいとも考えています。キャッシュヒット率を高めるには、どうすればよいですか。

A. 既存のCloudFrontディストリビューションにおいて、Origin Shield機能を有効化する。
B. 既存のCloudFrontディストリビューションにおいて、最小TTL値を0に変更する。
C. EFSファイルシステムを直接指すよう、既存のCloudFrontディストリビューションのオリジンを修正する。
D. 既存のCloudFrontディストリビューションを修正し、Real Time Messaging Protocol(RTMP)ディストリビューションを有効化する。

Q3. ある企業では、タグリストとその値を定義したタグ付け戦略を策定しました。SysOpsアドミニストレーターが、すべてのAWS Organizations組織単位(OU)に対してこのタグ付け戦略を実行しようとしています。システムアナリストが、一部のリソースに付けられているタグがタグ付け戦略に適合していないことに気付きました。SysOpsアドミニストレーターは、このタグポリシーに適合していない各タグについて通知できるソリューションを実装する必要があります。この要件を満たすには、どうすればよいですか。

A. AWSタグポリシー強制機能を使用して、不適合タグを特定する。
B. AWS Resource Group Tag Editorを使用して、不適合タグをすべて表示する。
C. required-tags AWS Configマネージドルールを使用して、不適合タグを特定する。

D. Amazon EventBridge (Amazon CloudWatch Events) を使用して、不適合タグの有無を監視する。

Q4. ある企業が、新規Webサイトの運用を開始するための準備を行っています。このWebサイトは、Application Load Balancer (ALB) の内側にあるAmazon EC2インスタンス上で動作します。この企業は、同じAWSリージョン内の別のVPC内で問題なく動作しているEC2インスタンスのカスタムAmazon Machine Image (AMI) を使用して、これらのインスタンスを起動しました。新規EC2インスタンスを展開した後、外部テストを実行したところ、HTTPSを使用してインスタンスに接続することができませんでした。なお、SSHを使用して同じVPC内で動作している踏み台ホストインスタンス経由で接続することはできます。この問題の原因を見つけるには、どうすればよいですか (2つ選択してください)。

A. ALBに割り当てられているセキュリティグループから接続できるようにするため、インスタンスに割り当てられているセキュリティグループにおいて、ポート443を開放していることを確認する。

B. ALBが、インターネットゲートウェイにルーティングされているサブネット0.0.0.0/0に割り当てられていることを確認する。

C. インスタンスに、パブリックIPアドレス、または各インスタンスのElastic Network Interfaceに割り当てられているElastic IPアドレスが割り当てられていることを確認する。

D. インスタンスが、インターネットゲートウェイにルーティングされているサブネット0.0.0.0/0内に配置されていることを確認する。

E. 各インスタンスに対するシステムステータス検査及び、インスタンス接続性検査の両方が成功していることを確認する。

Q5. SysOpsアドミニストレーターが本番サーバー上で、ある問題を解決するためのスクリプトを実行する必要があります。なお、この企業では、本番サーバーに対する対話型リモートアクセスをすべてブロックするポリシーを策定しています。この場合、スクリプトをどのように実行すればよいですか。

A. Amazon EC2のキーペアを共有利用して、本番サーバに対するアクセス権を取得し、スクリプトを実行する。
B. スクリプトをインスタンスのユーザーデータ内に配置する。
C. EC2インスタンス上でcronジョブまたはスケジュール化タスクとして動作するよう、スクリプトを構成する。
D. Amazon EC2 Systems Managerを使用してスクリプトを実行する。

Q6. **ある企業が、社内環境内で数千台のAmazon EC2インスタンスを使用しています。この企業のセキュリティチームは、すべてのセキュリティパッチおよび重要パッチがすべてのEC2インスタンスにインストールされるようにしたいと考えています。SysOpsアドミニストレーターは、このプロセスを自動化する必要があります。この要件を満たすには、どうすればよいですか。**

A. AWS Configを使用して、EC2インスタンス上にインストールされているソフトウェアのリストを取得する。セキュリティパッチおよび重要パッチが必要なインスタンスにパッチ適用を行うLambda関数を構成する。
B. スケジュールに従ってパッチを適用するよう、AWS Systems Manager Patch Managerを構成する。セキュリティパッチまたは重要パッチとして分類されているすべてのパッチを承認する定義済みパッチベースラインを使用する。
C. Amazon CloudWatchを使用して、EC2インスタンス上にインストールされているソフトウェアのリストを取得する。セキュリティパッチおよび重要パッチが必要なインスタンスにパッチ適用を行うLambda関数を構成する。
D. EC2コンソールを使用して、EC2インスタンス上にインストールされているソフトウェアのリストを取得する。セキュリティパッチおよび重要パッチが必要なインスタンスにタグ付けを行う。タグに基づきパッチ適用を行うLambda関数をスケジューリングする。

Q7. **SysOpsアドミニストレーターが、Amazon Elastic Block Store (Amazon EBS) スナップショットからEBSボリュームを復元しました。この新しいEBSボリュームは、復元直後は遅延が大きく、しばらくすると遅延が解消しました。今後この遅延を回避するには、どうすればよいですか。**

A. 復元中、暗号化を無効化する。
B. 別のAWSリージョンに復元する。
C. プロビジョンドIOPSである、よりサイズの大きいボリュームに復元する。
D. EBS高速スナップショット復元機能を選択する。

Q8.　SysOpsアドミニストレーターが、特定のトラフィックフローに対してディープパケットインスペクションを実行する必要があります。トラフィックは、同じAWSリージョン内の2つのVPC間で送信されています。この要件を満たすには、どうすればよいですか。

A. 送信先VPC上でVPCフローログを構成する。この特定のトラフィックを探すよう、VPCフローログフィルタを構成する。これらのフローログを、アラームを有効化したAmazon CloudWatchに送信する。
B. 送信元インスタンス上でVPCフローログを構成する。この特定のトラフィックを探すよう、VPCフローログフィルタを構成する。これらのフローログを、アラームを有効化したAmazon CloudWatchに送信する。
C. 送信先VPC上でTraffic Mirroringを構成する。この特定のトラフィックを探すよう、フィルタを構成する。キャプチャされたトラフィックを、送信先VPC内で構成されたターゲットインスタンスに送信する。
D. 送信元VPC上でTraffic Mirroringを構成する。この特定のトラフィックを探すよう、フィルタを構成する。キャプチャされたトラフィックを、送信先VPC内で構成されたターゲットインスタンスに送信する。

Q9.　とある金融機関が、規制対象のWebアプリケーションを実行しています。このアプリケーションは、AWS CloudFormationを使用して展開されており、Application Load Balancer（ALB）の内側にあるAmazon EC2インスタンス上で動作します。これらのインスタンスは、Amazon EC2 Auto Scalingグループ内で動作しています。コンプライアンス上の理由により、EC2インスタンスが削除される前に、アタッチされたAmazon Elastic Block Store（Amazon EBS）ボリューム上にあるすべての規制対象データの完全コピーを、Amazon S3バケットに送信する必要があります。テストを実行したところ、一部のEC2インスタンスが、データコピーが完了する前に削除されました。通常の運用状況でこの問題を解決す

るには、どうすればよいですか。

A. インスタンスを削除する前にTerminating:Waitステータスに遷移させるよう、EC2 Auto Scalingライフサイクルフックを構成する。データコピーが完了したら、complete-lifecycle-actionコマンドを実行する。
B. S3ライフサイクルフックを利用して、CreateMultipartUpload API機能及び、S3 Transfer Accelerationを有効化する。データコピーが完了したら、complete-lifecycle-actionコマンドを実行する。
C. CloudFomationスタックテンプレートを更新する。EC2インスタンスに対するDisableApiTerminationプロパティの値をtrueに設定する。update-stackコマンドを実行する。
D. CloudFomationスタックテンプレートを更新する。EBSボリュームに対するAutoEnableIOプロパティの値をtrueに設定する。update-stackコマンドを実行する。

Q10. **あるファイル共有サービスの管理者が、前週にアップロードされたすべてのファイルのアーカイブを週1回受信しています。これらのアーカイブのサイズは、10TBに達する可能性があります。法律上の理由により、これらのアーカイブを、だれにも削除または修正されない方法で格納する必要があります。たまにアーカイブの内容を参照する必要がありますが、アーカイブを取得するのに3時間以上かかることがあります。この要件を満たすには、週次アーカイブをどのように処理すればよいですか。**

A. AWS Management Consoleを使用して、アーカイブをAmazon S3にアップロードする。ストレージクラスをAmazon S3 Glacierに変更するS3ライフサイクルポリシーを適用する。
B. AWS CLIを使用して、アーカイブをAmazon S3 Glacierにアップロードする。S3 Glacierのボールトロックを使用する。
C. 暗号化Amazon EBSボリュームを設定したAmazon EC2インスタンスを作成する。週次アーカイブをこのインスタンスにコピーする。
D. ファイルゲートウェイを作成する。ファイルゲートウェイ経由でAmazon S3バケットにアーカイブをアップロードする。

Q11. ある企業が、1個のAWSアカウントを使用しています。SysOpsアドミニストレーターが、開発者が必要以上に大きいサイズのAmazon EC2インスタンスを起動していることに気付きました。承認済みのタイプおよびサイズのEC2インスタンスだけを開発者が起動できるように制限を設定するには、どうすればよいですか。

A. EC2インスタンス起動時にAmazon Simple Notification Service(Amazon SNS)通知を各開発者のIAMグループに送信する。AmazonEventBridgeにイベントを作成する。起動されたインスタンスのタイプ、サイズを着労苦するように通知を構成する。SNSトピックにサブスクライブすることを書く開発者に義務付ける。
B. AWS Systems Managerで、インスタンスサイズを判断して承認済みタイプでないインスタンスをシャットダウンするアセスメントを作成する。起動されたインスタンスのタイプおよびサイズを記載したAmazon Simple Notification Service(Amazon SNS)通知を送信するよう、Systems Managerを構成する。このSNSトピックにサブスクライブすることをすべての開発者に義務付ける。
C. 承認済みEC2インスタンスタイプに限定されたAWS Service Catalogプロダクトを作成する。このプロダクト内のAWS Service Catalogポートフォリオに対するアクセス権限を、開発者に付与する。IAMポリシーを使用して、開発グループがEC2インスタンスを起動できないようにする。
D. 承認済みEC2インスタンスタイプだけを含むAWS Configルールを作成する。このルールをEC2サービスに適用し、AWS Management Console、AWS CLI、AWS APIで承認済みEC2インスタンスタイプだけを利用可能とする。IAMポリシーを使用して、開発グループがEC2インスタンスを起動できないようにする。

Q12. ある企業が、Amazon EC2インスタンス上で、SSHに対する無制限アクセスを禁止するという新しいコンプライアンス標準を制定しました。SysOpsアドミニストレーターは、無制限アクセスが可能なSSHポートが検出されたら自動修復する監視ソリューションを構成する必要があります。この要件を満たすには、どうすればよいですか。

A. 使用中のセキュリティグループにおいてSSHトラフィックを無制限に許可しているかどうかを検査するためのAWS Configルールを構成する。Amazon EventBridge (Amazon CloudWatch Events) イベントを使用して、自動修復処理を構成する。
B. 使用中のセキュリティグループにおいてSSHトラフィックを無制限に許可しているかどうかを検査するためのAWS Configルールを構成する。AWS Systems Manager自動化ドキュメントを使用して、自動修復処理を構成する。
C. 使用中のセキュリティグループにおいてSSHトラフィックを無制限に許可しているかどうかを検査するようにAmazon CloudWatchの監視機能を構成する。Amazon EventBridge (Amazon CloudWatch Events) イベントを使用して、自動修復処理を構成する。
D. 使用中のセキュリティグループにおいてSSHトラフィックを無制限に許可しているかどうかを検査するようにAmazon CloudWatchの監視機能を構成する。AWS Systems Manager自動化ドキュメントを使用して、自動修復処理を構成する。

Q13. SysOpsアドミニストレーターが、Amazon ElastiCache for Memcachedクラスターの CPU使用率が高いことを示すアラートを受信しました。この問題を解決するには、どうすればよいですか (2つ選択してください)。

A. より大きなサイズのAmazon EBSボリュームをこのElastiCacheクラスターノードに追加する。
B. トラフィックをこのElastiCacheクラスターにルーティングするためのロードバランサーを追加する。
C. ワーカーノードをElastiCacheクラスターにさらに追加する。
D. ElastiCacheクラスターに対するAuto Scalingグループを作成する。
E. ノードタイプを変更することにより、ElastiCacheクラスターを垂直スケーリングする。

Q14. ある企業では、冗長性を確保するため東京と大阪の2つのリージョンを利用してWebサービスを行っています。このWebサイトは、Application Load Balancer（ALB）の内側にあるAmazon EC2インスタンス上でホストされています。各リージョンには、Webサイトインフラストラクチャの専用コピーが配置されています。この企業は、アプリケーションエラーが原因で一方のリージョンが使用不能になった場合、トラフィックをもう一方のリージョンに自動フェールオーバーしたいと考えています。この要件を満たすには、どうすればよいですか。

A. Amazon Route 53のレイテンシーベースルーティングポリシーを使用して、DNSフェールオーバーを構成する。各リージョン内の各ALBに対する、同じ名前かつ同じタイプのエイリアスレコードを作成する。各レコードにおける[Evaluate Target Health]の値が[Yes]に設定されていることを確認する。
B. Elastic Load Balancingのヘルスチェック機能を使用して、各リージョン内のALBに対するヘルスチェックを作成する。ALBに対するレイテンシーベースルーティングポリシーを使用して、DNSフェールオーバーを構成する。[Evaluate Target Health]の値が[Yes]に設定されていることを確認する。
C. Amazon Route53のシンプルルーティングポリシーを使用して、DNSフェールオーバーを構成する。各リージョン内の各ALBに対する、同じ名前のエイリアスレコードを作成する。各レコードにおける[Evaluate Target Health]の値が[Yes]に設定されていることを確認する。
D. Amazon CloudWatchの監視機能を使用して、ALBに対するヘルスチェックを作成する。ALBが異常状態になった場合にAmazon Route 53の加重ルーティングポリシーを使用して、DNSフェールオーバーを実行するよう、CloudWatchアラームを構成する。

Q15. ある企業が、開発チームに対してビルド統計レポートを作成するように要求しています。開発チームは、継続的統合/継続的展開（CI/CD）プロセスに対して、AWS CodePipeline、AWS CodeCommit、AWS CodeBuild、およびAWS CodeDeployを使用しています。最小限の作業量でこのレポートを生成するには、どうすればよいですか。

A. このレポートを、Amazon S3バケット内でホストされている静的Webページ内に実装する。すべてのビルドイベントをAmazon Kinesisデータストリームに配置するよう、CodePipelineを構成する。Kinesisデータストリームからイベントを読み取って処理し、ダッシュボードに表示するよう、Webページを構成する。

B. このレポートをAmazon CloudWatchダッシュボード内に実装する。合計ビルド数、成功ビルド数、失敗ビルド数、平均ビルド時間といったアプリケーションに関する各種のメトリクスをグラフ化するよう、ダッシュボードを構成する。

C. このレポートを、Amazon EC2上でホストされているWebアプリケーション内に実装する。すべてのビルドイベントをAmazon DynamoDBテーブルに格納するよう、CodePipelineを構成する。このテーブルからメトリクスを読み取り、ダッシュボードに表示するようWebアプリケーションを実装する。

D. このレポートを、Amazon QuickSightダッシュボード内に実装する。ビルドイベント及び、展開イベントをAmazon Auroraデータベースクラスター内のテーブルに格納するよう、AWS CodeBuild、およびAWS CodeDeployを構成する。このテーブルからイベントを読み取るよう、Amazon QuickSightを構成する。

Q16. ある企業において、Amazon EC2コストは一定ですが、Amazon Elastic Block Store (Amazon EBS) コストが最近増加しています。この企業では、作成後30日以上経過したEBSスナップショットをすべて削除するAWS Lambda関数を使用しています。しかし、この関数のIAMポリシーが修正されたため、EBSスナップショットが削除されていないことがわかりました。SysOpsアドミニストレーターがAmazon Data Lifecycle Manager (Amazon DLM) を使用して、この問題を解決しようとしています。スナップショットが正常に削除されるよう、今すぐ対処するには、Amazon DLMで何をすればよいですか。

A. Amazon S3ライフサイクルポリシーが設定されていることを確認する。
B. デフォルトのデータライフサイクルポリシーが選択されていることを確認する。
C. Amazon DLMから通知を送信するためのLambda関数を作成する。
D. ライフサイクルポリシーを作成する。保持期間を30日に設定する。

Q17. SysOpsアドミニストレーターが、AmazonEC2インスタンス、Elastic Load Balancer、およびAmazon RDSインスタンスをプロビジョニングするためのAWS CloudFormationテンプレートを管理しています。進行中の変革プロジェクトの一環として、CloudFormationスタックが頻繁に作成/削除されています。SysOpsアドミニストレーターは、スタック削除後もRDSインスタンスが動作し続けるように構成する必要があります。この要件を満たすには、どうすればよいですか。

A. RDSリソースを削除するようにテンプレートを編集し、スタックを更新する。
B. スタックにおいて削除保護を有効化する。
C. テンプレート内で、RDSリソースに対するDeletionPolicy属性をRetainに設定する。
D. RDSリソースのdeletion-protectionパラメータを設定する。

Q18. ある企業が、1個のAmazon EC2インスタンスが、メンテナンスがスケジューリングされているハードウェア上にあることを示す通知をAWS Personal Health Dashboardで受信しました。このインスタンスでは本番用の基幹ワークロードが実行されており、業務時間中はこのインスタンスの可用性を確保する必要があります。メンテナンス時にインスタンスが停止しないよう構成するには、どうすればよいですか。

A. インスタンスが停止したら、自動的に起動させる AWS Lambda関数を作成する。
B. インスタンスのAmazonマシンイメージ(AMI)を作成する。既存インスタンスがリタイアされた場合、このAMIを使用して新規にインスタンスを作成する。
C. EC2インスタンスにおいて削除保護を有効化する。
D. 業務時間外のメンテナンスウィンドウ中に、EC2インスタンスを停止および開始する。

Q19. あるアプリケーションが、Application Load Balancer(ALB)の内側にあるAmazon EC2インスタンス上で動作しています。これらのインスタンスは、Auto Scalingグループ内で動作しており、異常状態のインスタンスは削除されます。このAuto Scalingグループは、EC2ステータスチェックおよびALBヘルスチェックを併用してEC2インスタンスの稼働状態を判断するように構成されています。開発チームが、異常状態のインスタンスが削除される前に、それらのインスタンスを分析したいと考えています。この要件を満たすには、どうすればよいですか。

A. ALBヘルスチェックの設定を、インスタンスの削除ではなく、再開するように構成を変更する。
B. 削除する前にすべてのインスタンスのスナップショットを作成するAWS Lambda関数を作成する。
C. Amazon EventBridge（Amazon CloudWatch Events）からライフサイクルイベントを取得し、修復用のAWS Lambda関数を呼び出す。
D. Amazon EC2 Auto Scalingライフサイクルフックを使用して、インスタンスがサービスから削除された後に、インスタンスの削除を一時停止する。

Q20. 新しいバージョンのアプリケーションをリリースするにあたり、カナリアテストを行います。少数の訪問者を新バージョンに振り向け、アプリケーションが正常に動作していることを確認する必要があります。この要件を満たすには、どのAmazon Route 53ルーティングポリシーを使用すればよいですか。

A. シンプルルーティングポリシー
B. 位置情報ルーティングポリシー
C. 複数値回答ルーティングポリシー
D. 加重ルーティングポリシー

Q21. ある企業が、WebアプリケーションをVPC内に展開しています。このWebアプリケーション宛の受信トラフィックは、インターネットゲートウェイ経由でNetwork Load Balancer（NLB）に届き、NLBから2個のプライベートサブネット内にある複数のAmazon EC2インスタンスに送信されます。この企業は、受信トラフィックに対してディープパケットインスペクションを実行し、ハッキングが試みられていないかどうかを特定したいと考えています。この要件を満たすには、どうすればよいですか。

A. VPCに対してAWS Shieldを構成する。
B. VPC上でAWS Network Firewallを使用する。ディープパケットインスペクションを実行するよう、Network Firewallを構成する。
C. サブネット上でAWS Network Firewallを使用する。ディープパケットインスペクションを実行するよう、Network Firewallを構成する。
D. Network Load Balancer(NLB)の受信ポートで、Traffic Mirroringを構成する。

Q22. あるECサイトでは、データをAmazon Aurora データベースクラスターに格納し、Auroraレプリカを作成しています。このアプリケーションでは、リーダーエンドポイントからデータを読み取ることによって、ショッピングカート情報を表示しています。SysOpsアドミニストレーターがAuroraデータベースを監視しているとき、ある1個のレプリカに対するAuroraReplicaLagMaximumメトリクスの値が大きいことに気付きました。この場合、ユーザー側で発生する可能性が最も高い事象はどれですか。

A. 商品をショッピングカートに追加できなくなる。
B. 商品をショッピングカートから削除できなくなる。
C. エラーページが表示され、ECサイトのアプリケーションが利用できなくなる。
D. ショッピングカートの内容が正しく更新されないことがある。

Q23. ある企業が、Amazon Elastic Block Store(AmazonEBS)ボリュームを多数使用しています。この企業は、Amazon Data Lifecycle Manager(Amazon DLM)を使用して、ConfidentialタグおよびPrivacyタグが付いているEBSスナップショットのライフサイクルを管理したいと考えています。この要件を満たすには、どうすればよいですか(2つ選択してください)。

A. 最小ストレージ容量を5GBにする。
B. Amazon DLMに対して、あるIAMロールを割り当てる。ユーザーに対して、別のIAMロールを割り当てる。
C. EBSボリュームを暗号化する。
D. ベースラインパフォーマンスを3 IOPS/GB以上にする。

E. EBSボリュームにタグを付ける。

Q24. ある企業が、新規アプリケーションを開発しています。サードパーティベンダーが、AmazonEventBridge（Amazon CloudWatch Events）を使用してログファイルを渡し、AWS Lambda関数を呼び出そうとしています。このLambda関数は、ログファイルを処理し、処理結果をAmazon S3バケットに書き込むものです。テストを実行したところ、EventBridge（CloudWatch Events）によって、すべてのログファイルがAmazon Simple Queue Service（Amazon SQS）デッドレターキューに直接送信されました。つまり、配信が失敗しても再試行されません。この問題をトラブルシューティングするには、どうすればよいですか。

A. Lambda関数での処理ジョブが常時ソケットのタイムアウト値を上回っていないことを確認する。
B. Lambda関数が処理結果を書き込めないようにする拒否ポリシーがS3バケットに設定されていないことを確認する。
C. EventBridge（CloudWatch Events）イベントバスにEventBridge（CloudWatch Events） 用AWS Key Management Service（AWS KMS）カスタマーキー（CMK）に対するアクセス権限が付与されていることを確認する。
D. EventBridge（CloudWatch Events）イベントバスに割り当てられているIAMロールが、Lambda関数に対するアクセス権限を付与されていることを確認する。

Q25. あるエンターテイメント企業は、Amazon EC2上でWebサイトを実行しています。このWebサイトのアプリケーションでは、データをAmazon RDS for MySQLデータベースインスタンスに格納しています。また、読み取り速度を向上させるため、Amazon ElastiCache for Redis（クラスターモード有効）クラスターを使用して、読み取りキャッシングを実装しています。週末に、あるイベントが実施される予定です。SysOpsアドミニストレーターは、Webサイトのトラフィックが3倍に増えると予想しています。イベント期間中もこの読み取り速度を維持するには、どうすればよいですか。

A. 既存のRedisクラスターにシャードを追加する。
B. 静的データをAmazon S3にオフロードする。
C. マルチAZ配置のRedisクラスターをもう一つ起動する。
D. Amazon RDSのマルチAZ配置を使用する。

Q26. SysOpsアドミニストレーターが、VPC内でAWS Key Management Service（AWS KMS）に接続するためのセキュアな方法を必要としています。また、AWS KMSへの接続がインターネットを経由しないようにする必要があります。これらの要件を満たすための最もセキュアなソリューションはどれですか。

A. 踏み台ホストを使用して、AWS KMSに接続する。
B. NATゲートウェイを使用して、AWS KMSに接続する。
C. Amazon S3用VPCゲートウェイエンドポイントを使用して、AWS KMSに接続する。
D. VPCインターフェイスエンドポイントを使用して、AWS KMSに接続する。

Q27. ある企業が最近、プロジェクト用に格納されるすべてのデータを複数のリージョンに配置するというコンプライアンスポリシーを導入しました。データの内容は、CSVファイルおよびJSONファイルです。データは現在、ap-northeast-1リージョン内のAmazon S3バケットに格納されています。第2リージョンのデータは、コンプライアンス目的でのみ配置される予定です。通常の運用条件下では、第2リージョン経由でデータにアクセスすることはありません。この企業は、コストを最小限に抑えるソリューションを求めています。これらの要件を満たすには、どうすればよいですか。

A. S3バケットをap-northeast-3リージョンにレプリケートするよう、AWS Backupを構成する。レプリケートされたオブジェクトに対するストレージクラスをS3 Intelligent-Tieringに設定する。
B. オブジェクトをap-northeast-3リージョン内のS3バケットにレプリケートするよう、S3リージョン間レプリケーションを構成する。レプリケートされたオブジェクトに対するストレージクラスをS3 Glacier Deep Archiveに設

定する。
C. オブジェクトをap-northeast-3リージョン内のS3バケットにレプリケートするよう、S3リージョン間レプリケーションを構成する。レプリケートされたオブジェクトに対するストレージクラスをS3Intelligent-Tieringに設定する。
D. S3バケットをap-northeast-3リージョンにレプリケートするよう、AWS Backupを構成する。レプリケートされたオブジェクトに対するストレージクラスをS3 Glacier Deep Archiveに設定する。

Q28. ある企業が、共有AmazonS3バケットに複数顧客のデータを格納しています。この企業は、各顧客のS3ストレージコストを報告したいと考えています。この共有S3バケット内のすべてのオブジェクトに、Customerという名前のタグが付けられています。タグ値は顧客の会社名です。Customerタグは既にコスト配分タグとして有効化されており、他のリソースタイプ(例:Amazon EC2、Amazon Elastic Block Store(Amazon EBS))を追跡する目的で使用されています。財務チームはCost Explorerで、Tag=Customerに基づいてEC2コストおよびEBSコストを分類およびフィルタリングできます。しかし、Tag=Customerに基づいてS3オブジェクトコストを表示することができません。S3オブジェクトコストを表示できない理由として、最も可能性が高いものはどれですか。

A. Customerコスト分配タグを再度有効化する必要がある。
B. 財務チームが、誤ったAWSリージョン内でCost Explorerを開いている。
C. S3オブジェクトに付けられているタグを、コスト配分タグとして追跡することはできない。
D. S3オブジェクトにつけられているタグのタグキー名は、他のリソースタイプによって使用されているタグとは異なる名前でなければならい。

Q29. ある企業のAWSアカウントユーザーが、必要なコスト配分タグが付けられていないAmazon EC2インスタンスを起動しようとしています。SysOpsアドミニストレーターは、AWS Organizationsの組織内のユーザーが、必要なタグ付けがされていない新規EC2インスタンスの起動を防ぐ必要があります。また、この解決案における運用の手間を最小限に抑える

必要があります。これらの要件を満たすには、どうすればよいですか。

A. インスタンス実行イベントを開始し、必要なタグが付けられているかどうかを精査する。AWS Lambda関数を作成する。必要なタグが付いていない場合は、EC2インスタンスを起動しないよう、この関数を構成する。
B. 必要なタグが付けられていないEC2インスタンスを監視するAWS Configルールを構成する。
C. 必要なタグが付けられていないEC2インスタンスを起動しないサービスコントロールポリシー（SCP）を構成する。このSCPを組織のルートにアタッチする。
D. 必要なタグが付けられていないEC2インスタンスを停止するための、Amazon CloudWatchアラームを構成する。

2 正解と解説

Q1. 正解 A

A：正解です。Patch Managerを使用すれば、セキュリティパッチおよびその他のパッチをマネージドインスタンスに適用するプロセスを自動化できます。オペレーティングシステム用パッチとアプリケーション用パッチのどちらにも適用できます。
Patch Managerではパッチベースラインが使用されます。パッチベースラインの内容は、リリース後数日以内にパッチを自動承認するためのルールと、承認済みパッチと拒否済みパッチのリストです。パッチを定期的にインストールするには、パッチ適用処理をSystems Managerのメンテナンスウィンドウタスクとして実行するようにスケジューリングします。また、パッチを個別にインストールすることや、EC2タグを使用して大規模なインスタンスグループにインストールすることもできます。
パッチを今すぐインストールする場合、Patch Managerの[Patch now]オプションを使用できます。また、Systems Managerコンソールでオンデマンドパッチ適用処理を実行することもできます。
将来リリースされるパッチに備えて、セキュリティパッチを適用するためのメンテナンスウィンドウを作成できます。また、Patch Managerでは、どのインスタンスに最新の承認済みセキュリティパッチが適用されているかを示すレポートが生成されます。

B：不正解です。Run Commandには[Patch now]オプションはありません。また、パッチベースラインを作成する機能もありません。

C：不正解です。このソリューションは手動プロセスであり、システム運用担当者がSSHを使用して各インスタンスに個別に接続する必要があります。したがって、このソリューションは自動化要件を満たしていません。

D：不正解です。このプロセスの一部は自動化されています。たとえば、Run Commandを使用してスクリプトを実行する処理などです。ただし、セキュリティパッチがリリースされるたびに、スクリプトを手動で更新する必要があります。したがって、このソリューションは、将来のセキュリティパッチのインストールにおいて、手動作業をできるだけ少なくするという要件を満たしていません。

Q2.　**正解　A**

A：正解です。キャッシュヒット率を高めるには、コンテンツを取得するためにオリジンサーバーにアクセスするのではなく、CloudFrontキャッシュから直接配信されるビューアリクエストの割合を増やします。キャッシュヒット率を高める手段はいくつかあります。たとえば、CloudFrontディストリビューションにおいて、TTL値を増やす、Origin Shieldを有効化する、などの方法があります。
Origin Shieldを有効化してキャッシュヒット率を高めると、オリジンに対する負荷が軽減され、またパフォーマンスおよび費用対効果が向上します。Origin Shieldを有効化するには、CloudFrontディストリビューション内のオリジン設定を修正します。Origin Shieldはオリジンのプロパティです。CloudFrontディストリビューション内の各オリジンに対して、そのオリジンのパフォーマンスが最大になるAWSリージョンで、Origin Shieldを個別に有効化します。

B：不正解です。最小TTL値とは、オブジェクトがCloudFrontキャッシュ内に保持される最小時間（単位:秒）のことです。この時間を過ぎると、CloudFrontによってもう一つのリクエストがオリジンに転送され、そのオブジェクトが更新されているかどうかが判断されます。最小TTL値を指定するには、[Object Caching]の設定で[Customize]を選択します。最小TTLのデフォルト値は0秒です。0秒に設定した場合、関連オブジェクトはキャッシングされません。それらのオブジェクトに対するリクエストは、すべてオリジンに転送されます。

C：不正解です。このシナリオでは、CloudFrontディストリビューションは既にカスタムオリジンを指しています。カスタムオリジンはHTTPサーバー（例:Webサーバー）です。HTTPサーバーは、Amazon EC2インスタンスにすることも、ユーザーが管理できるHTTPサーバーにすることもできます。Webサイトエンドポイントとして構成されているAmazon S3オリジンも、カスタムオリジンと見なされます。EFSファイルシステムには、HTTPコンテンツを直接配信する機能は備わっていません。したがって、EFSファイルシステムをCloudFrontに対するカスタムオリジンとして使用することはできません。

D：不正解です。RTMPディストリビューションは、Adobe Media ServerおよびAdobe RTMPを使用して、メディアファイルをストリーミングするものです。このソリューションでは、キャッシュヒット率は向上しません。さらに重要な問題があります。RTMPではAdobe

Flashが使用されます。Adobeは、Flashのサポートを2020年いっぱいで終了すると発表しました。つまり、CloudFrontでは、2021年以降、Adobe Flash Media Serverおよび非推奨のRTMPディストリビューションはサポートされなくなります。これにより、RTMPは既存のあらゆるアプリケーションにとって不適切なソリューションとなります。

Q3.　正解　D

A：不正解です。タグポリシー強制機能を使用した場合、新規にプロビジョニングされたリソースがタグポリシー不適合状態になることを回避できます。ただし、タグポリシーに従ってタグ付けされてない既存リソースが報告されるわけではありません。このシナリオにおける要件は、不適合タグを通知することであり、修正することではありません。

B：不正解です。Tag Editorは、リソースを検索してタグを編集する目的で使用されます。Tag Editorを使用した場合、タグとタグ値を照合することはできますが、指定したタグ値が設定されていない場合は照合できません。

C：不正解です。required-tagsマネージドルールを使用した場合、AWS Configルール内で設定されている定義に従ってタグ付けされていないリソースが報告されます。ただし、このルールは、組織レベルで設定されているタグポリシーに関連付けられていません。

D：正解です。Amazon EventBridge（Amazon CloudWatch Events）を使用した場合、適用されている組織ポリシーに従って、不適合リソースの有無を検査できます。また、不適合タグを監視することもできます。

Q4.　正解　A

A：正解です。外部ユーザーがHTTPSを使用して接続したい場合、ALBに割り当てられているセキュリティグループにおいて、ポート443を開放する必要があります。接続を完了させるには、インスタンスに割り当てられているセキュリティグループにおいても、ポート443を開放する必要があります。また、ALBが属するサブネットから、インターネットゲートウェイにアクセスできる必要があります。

B：正解です。外部ユーザーがHTTPSを使用して接続したい場合、ALBに割り当てられているセキュリティグループにおいて、ポート443を開放する必要があります。接続を完了させるには、インスタンスに割り当てられているセキュリティグループにおいても、ポート443を開放する必要があります。また、ALBが属するサブネットから、インターネットゲートウェイにアクセスできる必要があります。

C：不正解です。インスタンスはALBの内側にあるので、外部ユーザーは、パブリックIPアドレスまたはElastic IPアドレスを使用してインスタンスに直接接続しているわけではありません。プライベート（内部）IPアドレスを使用することにより、ALBから各インスタンスにトラフィックがルーティングされます。

D：不正解です。インスタンスはALBの内側にあるので、外部ユーザーは、インスタンスに直接接続しているわけではありません。したがって、各インスタンスにインターネットゲートウェイ経由でルーティングする必要はありません。プライベート（内部）IPアドレスを使用することにより、ALBから各インスタンスにトラフィックがルーティングされます。

E：不正解です。SSH踏み台ホスト経由のプライベートアクセスを使用した場合にインスタンスに接続できています。これは、各インスタンスが正常稼働していることを意味します。

Q5. 正解 D

A：不正解です。キーペアを使用した場合、対話型アクセスが可能になるので、企業ポリシーに違反します。

B：不正解です。ユーザーデータスクリプトは、インスタンス作成の初回実行時にのみ動作します。

C：不正解です。この選択肢は、cronジョブまたはスケジュール化タスクをインスタンス上で実行する方法を説明しているものではありません。

D：正解です。Systems Managerの一機能であるSession Managerを使用することにより、特定のシステム上または複数のシステム上でスクリプトを実行できます。この一元管理されたアクセスは、IAMポリシーによって制御できます。

Q6. 正解 B

A：不正解です。AWS Configでは、AWSアカウント内のAWSリソースの構成に関する詳細情報が表示されます。ただし、サーバー上にインストールされているソフトウェアの詳細情報は表示されません。

B：正解です。Systems Manager Patch Managerを使用した場合、セキュリティパッチおよびその他のパッチをマネージドインスタンスに適用するプロセスを自動化できます。オペレーティングシステム用パッチもアプリケーション用パッチも適用できます。Patch Managerではパッチベースラインが使用されます。パッチベースラインの内容は、リリース後数日以内にパッチを自動承認するためのルールと、承認済みパッチと拒否済みパッチのリストです。パッチを定期的にインストールするには、Systems Managerのメンテナンスウィンドウタスクとして実行するよう、パッチ適用処理をスケジューリングします。また、パッチを個別にインストールすることや、EC2タグを使用して大規模なインスタンスグループにインストールすることもできます。

C：不正解です。CloudWatchでは、AWSリソースのリストや、EC2インスタンスにインストールされているソフトウェアのリストを取得することはできません。

D：不正解です。EC2コンソールには、構成に関する詳細情報やEC2インスタンスにインストールされているソフトウェアのリストは表示されません。

Q7.　正解　D

A：不正解です。ボリュームが暗号化されているかどうかにかかわらず、Amazon S3からストレージブロックが取得されてボリュームに書き込まれてからでないと、データにアクセスできません。

B：不正解です。リージョンは、データ取得時の遅延には関係ありません。

C：不正解です。IOPSが高いボリュームは高パフォーマンスですが、Amazon S3からストレージブロックが取得されてボリュームに書き込まれてからでないと、データにアクセスできません。

D：正解です。スナップショットから復元する場合、ボリュームを初期化する必要があります。スナップショットから作成されたEBSボリュームの場合、Amazon S3からストレージブロックが取得されてボリュームに書き込まれてからでないと、データにアクセスできません。この準備アクションには時間がかかり、各ブロックの初回アクセス時はI/O処理の遅延が大幅に大きくなる可能性があります。ボリュームのパフォーマンスが本来の状態になるのは、すべてのブロックがダウンロードされ、ボリュームに書き込まれた後です。本番環境でこの復元直後のパフォーマンス低下を回避する方法としては、次の2つがあります。ボリューム全体の即時初期化を強制的に実行する。
スナップショットに対して高速スナップショット復元機能を有効化する。これにより、そのスナップショットから作成されるEBSボリュームが作成時に完全に初期化され、プロビジョニングされたパフォーマンスがすぐに発揮される。

Q8.　正解　D

A：不正解です。VPCフローログでは、ディープパケットインスペクションは実行されません。
B：不正解です。VPCフローログでは、ディープパケットインスペクションは実行されません。
C：不正解です。Traffic Mirroringを使用してディープパケットインスペクションを実行することはできますが、そのためには、VPC上ではなくElastic Network Interface上でTraffic Mirroringを構成する必要があります。
D：正解です。Traffic Mirroringを使用した場合、Amazon EC2インスタンスにアタッチされているネットワークインターフェイスから、受信トラフィックおよび送信トラフィックがコピーされます。ミラーリングされたトラフィックを、別のEC2インスタンスにアタッチされているネットワークインターフェイス、またはUDPリスナが設定されたNetwork Load Balancerに送信できます。フィルタを使用した場合、ミラーリングされるトラフィックの量を減らすことができます。

Q9.　正解　A

A：正解です。削除中のインスタンスに関数を実装すると、時間がかかる可能性があります。これらの関数は、EC2ライフサイクルの一部として処理される必要があります。EC2 AutoScalingでは、インスタンスの削除の開始時、インスタンスにライフサイクルフックを適用できます。このライフサイクルフックにより、インスタンスが待機状態（Terminating:Wait）に遷移します。デフォルトのタイムアウト期間中、インスタンス上で終了関数を実行できます。終了関数の実行が完了すると、ステータスがTerminating:Proceedに遷移するので、削除関数の実行が完了します。
B：不正解です。CreateMultipartUpload機能を有効化した場合、最初の試行で完全にロードされなかったオブジェクトのうち、ロードされなかった部分のロード処理を再試行できます。ただし、EBSボリュームの削除処理が原因で中断が発生した場合、ロードする必要があったデータがもう使用できなくなります。ロード元がもう存在しないので、この処理は完了しません。S3 Transfer Accelerationを有効化した場合、クライアントとS3バケットの間が長距離であっても、ファイルを高速かつセキュアに転送できます。つまり、同じAWSリージョン内のEC2インスタンスと組み合わせて使用する必要はありません。

C：不正解です。APIの終了を無効化することは、インスタンスの誤削除または不正削除を防ぐための有用な方法です。この場合、SysOpsアドミニストレーターは、インスタンスを自動的に削除したいと考えています。DisableApiTerminationプロパティの値をtrueに設定した場合、削除シーケンスを開始するコマンドが拒否されます。このプロパティの値をfalseに変更した場合、削除シーケンスを開始することはできますが、データコピーを完了させるために使用可能な時間が増えることはありません。

D：不正解です。AutoEnableIOプロパティは、I/O処理の発生時にボリュームが自動的に有効化されるかどうかを示すものです。デフォルトでは、Amazon EBSによって、ボリューム上のデータに整合性がない可能性があると判断された場合、アタッチ先EC2インスタンスからボリュームへのI/Oが無効化されます。一方、AutoEnableIOプロパティの値をtrueに変更した場合、整合性問題が検出されたとしても、ボリュームをEC2インスタンスにアタッチできます。AutoEnableIOプロパティの値をどちらに設定した場合でも、このデータコピー問題は解決されません。

Q10. 正解 B

A：不正解です。このシナリオでは、ファイルサイズがS3オブジェクト上限の5TBを超える可能性があります。また、AWS Management Consoleからは、160GBを超えるファイルを超えるファイルをアップロードすることはできません。

B：正解です。S3Glacierは、5TBを超えるアーカイブをサポートしており、またボールトロック機能を備えています。ボールトロック機能を使用すれば、アーカイブに対する削除および修正を防ぐことができます。

C：不正解です。Amazon EC2およびAmazon EBSは正常に動作しますが、このソリューションでは、削除または修正を防ぐという法的要件を満たすことができません。また、正解のソリューションに比べて、コストと複雑度が大幅に高くなります。

D：不正解です。このシナリオでは、ファイルサイズが5TBを超える可能性があります。ファイルゲートウェイは、このファイルサイズをサポートしていません。

Q11.正解 C

A：不正解です。このソリューションでは、大きいサイズのインスタンスの作成を防ぐことはできません。インスタンスが作成されたことが開発者全員に通知されるだけです。

B：不正解です。Systems Managerがインスタンスのサイズ決定に使用されることはありません。

C：正解です。AWS Service Catalogには起動制約という機能があります。起動制約機能を使用した場合、ポートフォリオ内のプロダクトに対するロールを指定できます。このロールは、起動時にリソースをプロビジョニングする際に使用されるので、ユーザー権限を制限できます。ただし、ユーザーは引き続き、カタログからプロダクトをプロビジョニングできます。

D：不正解です。AWS Configにはこの機能はありません。

Q12.正解 B

A：不正解です。AWS Configは、記載のとおりにセキュリティグループを検査する機能を備えています。ただし、不適合リソースを修復する場合、Systems Manager自動化ドキュメントが使用されます。

B：正解です。AWS Configでは、AWSマネージドルールまたはカスタムルールを使用できます。restricted-ssh AWS Configマネージドルールを使用した場合、セキュリティグループにおいて受信SSHトラフィックが許可されているかどうかが検査されます。セキュリティグループ内で受信SSHトラフィックのIPアドレスが制限されている場合、コンプライアンス標準に適合していることになります。AWS Configでは、不適合リソースに対する修復処理を割り当てることもできます。修復処理は、Systems Manager自動化ドキュメントによって管理されます。ユーザーは、修復処理を手動または自動で実行するように構成できます。

C：不正解です。CloudWatchの監視機能では、記述されているとおりにセキュリティグループを監視することはできません。
D：不正解です。CloudWatchの監視機能では、記述されているとおりにセキュリティグループを監視することはできません。

Q13. **正解** C

A：不正解です。Amazon ElastiCache for Memcachedは、Memcached互換サービスです。このサービスを使用することにより、分散型のインメモリデータストア環境またはキャッシュ環境をクラウド内で簡単に構築、管理、およびスケーリングできます。このサービスでは、ユーザーがボリュームサイズを設定することはできません。
B：不正解です。Amazon ElastiCache for Memcachedに対してロードバランサーは不要です。クライアントは1個のクラスターエンドポイントに接続し、他のノードに関する構成情報を取得します。ノードが追加または削除された場合、クライアントは、最新のノードセットを使用するよう、自身を再構成します。
C：正解です。ノードを追加すると、クラスターのキャパシティが増えます。アプリケーションによって処理されるデータ量が一定であることは、めったにありません。データ量は、事業の拡大や通常の需要変動に伴って増減します。企業がキャッシュを自身で管理している場合、ピーク時の需要に備えて十分なハードウェアをプロビジョニングする必要があります。これはコスト増につながります。Amazon ElastiCacheを使用すれば、現在の需要に合わせてクラスターをスケーリングできます。
D：不正解です。Amazon ElastiCache for Memcachedに対してAutoScalingグループは不要です。クライアントは1個のクラスターエンドポイントに接続し、他のノードに関する構成情報を取得します。ノードが追加または削除された場合、クライアントは、最新のノードセットを使用するよう、自身を再構成します。
E：正解です。ノードタイプが需要に対して小さすぎる場合、現行のクラスターを、より堅牢なインスタンスタイプのノードで構成された新規クラスターに置換できます。より大きいまたはより小さいインスタンスタイプを追加することを、垂直スケーリングと呼びます。

Q14. 正解 A

A：正解です。アクティブ/アクティブ型AWSリージョンアーキテクチャにおけるDNSフェールオーバー処理を作成するには、Amazon Route53を使用します。Route53を使用すれば、あるリソースが使用不能になった場合、そのリソースが異常状態であることを検出し、DNS クエリに応答する際にそのリソースを除外することができます。
アクティブ/アクティブ型フェールオーバーにおいて、名前、タイプ（例:A、AAAA.、およびルーティングポリシー（例:加重、レイテンシーベース）が同じであるレコードは、Route53によって異常状態であると見なされた場合を除き、すべてアクティブです。Route53では、正常レコードを使用してDNSクエリに応答することができます。
アクティブ/アクティブ型フェールオーバーの場合、DNSクエリに対して複数のリソースが返されます。一方のリソースが異常状態である場合、Route53によってもう一方のリソースにフェールオーバーされます。

B：不正解です。Application Load Balancer（ALB）ではヘルスチェックを設定できます。ただし、このヘルスチェックは、ロードバランサーからのトラフィックの送信先であるバックエンドリソースを対象としたものです。ロードバランサーに対するヘルスチェックをALBで構成することはできません。また、ALBは、1個のリージョン内でのみトラフィックを配信できます。ALBから複数リージョンにトラフィックを配信する目的で使用可能なレイテンシーベースルーティングはありません。

C：不正解です。Route53コンソールでシンプルルーティングポリシーが選択されている場合、同じ名前かつ同じタイプのレコードを複数作成することはできません。したがって、DNSフェールオーバーに必要なレコードを構成することはできません。DNSフェールオーバーでは複数のアクティブリージョンが使用されるからです。

D：不正解です。CloudWatchを使用した場合、ヘルスチェックに基づいて受信トラフィックの配信先を決定することはできません。AWSリソースの稼働状態を監視するよう、CloudWatchアラームを構成することはできます。ただし、CloudWatchには、リージョン間でDNSフェールオーバーを実行する機能はありません。

Q15. **正解 B**

A：不正解です。CodePipelineでは、Kinesisデータストリームを使用してビルドイベントを通知することはできません。

B：正解です。CodeBuildによって関数が監視され、CloudWatch経由でメトリクスが通知されます。メトリクスの例としては、合計ビルド数、失敗ビルド数、成功ビルド数、ビルド時間などがあります。CodeBuildコンソールまたはCloudWatchコンソールを使用して、CodeBuildに関するメトリクスを監視することができます。

C：不正解です。CodePipelineでは、カスタム関数を使用せずにイベントをDynamoDBテーブルに直接格納することはできません。

D：不正解です。CodeBuildおよびCodeDeployでは、カスタム関数を使用せずにイベントをAuroraテーブルに格納することはできません。

Q16. **正解 D**

A：不正解です。S3ライフサイクルポリシーは、EBSスナップショットとは無関係です。

B：不正解です。デフォルトのライフサイクルポリシーは存在しません。

C：不正解です。このソリューションは、この問題を最終的に解決するのに役立つ可能性はあります。ただし、今すぐ解決するには、Amazon DLMのライフサイクルポリシーを使用します。

D：正解です。Amazon DLMを使用して、EBSスナップショットおよびEBS-backed Amazon Machine Image（AMI）の作成、保持、および削除を自動化することができます。

Q17. **正解 C**

A：不正解です。スタックからRDSリソースを削除しても、スタックと既存インスタンスの関連付けが解除されるわけではありません。スタックが更新されると、RDSリソースが削除されます。

B：不正解です。このソリューションでは、RDSリソースの削除が回避されます。ただし、他のすべてのリソースの削除も回避されます。

C：正解です。このソリューションでは、スタックの削除時にRDSリソースの削除が回避されます。また、他のリソースの削除に影響が及ぶこともありません。

D：不正解です。このソリューションの場合、CloudFormationスタック全体の削除が回避されます。

Q18. 正解 D

A：不正解です。このソリューションでは、インスタンスの停止を回避できません。停止時間は短縮されますが、計画外の時間帯に本番用基幹システムが停止します。

B：不正解です。AMIに関する懸念はありません。懸念があるのは、インスタンスをホストしている基盤AWSハードウェアに対する計画済みメンテナンスに関してです。このソリューションの場合、既存インスタンスのメンテナンス処理を回避することや、メンテナンス処理の実行タイミングを制御することはできません。仮にこのシナリオにおけるインスタンスがinstancestore-backed AMIから起動されているのであれば、このソリューションでも問題ありません。しかし、このシナリオにおけるインスタンスは、EBS-backed AMIから起動されています。

C：不正解です。削除保護機能は、ユーザーによるリソースの誤削除を回避するものです。基盤ハードウェアに対するメンテナンスの実行を回避するものではありません。

D：正解です。ユーザーへの影響を最小限に抑えるため、Amazon EC2のメンテナンスは通常、ライブ更新方式で行われます。ただし、ライブ更新が不可能なケースがときどきあります。その場合、スケジューリング済みメンテナンスイベントが必要です。メンテナンスイベントがスケジューリングされているEBS-backedインスタンスが停止および再開される際、メンテナンス処理が不要な別のハードウェア上でインスタンスが再開されます。

Q19. 正解 D

A：不正解です。ALBにこのような機能はありません。また、このソリューションの場合、開発チームはインスタンスを分析して異常状態の原因を突き止めることができません。

B：不正解です。このソリューションは、部分的には正解ですが、不完全です。このソリューションでは、実行中インスタンスを診断することができません。

C：不正解です。このソリューションの場合、インスタンスは削除されます。インスタンスを診断することはできません。

D：正解です。ライフサイクルフックを使用した場合、Auto Scalingグループによってインスタンスが起動または削除される際に、インスタンスを一時停止してカスタムアクションを実行することができます。一時停止されたインスタンスは、complete-lifecycle-actionコマンドまたはCompleteLifecycleActionアクションを使用してライフサイクルアクションを完了させるまで、またはタイムアウト期間(デフォルト設定は1時間)が終了するまで、待機状態のままになります。

Q20. 正解 D

A:不正解です。シンプルルーティングポリシーは、トラフィックを1個のリソース(例:Webサイト用のWebサーバー)にルーティングする目的で使用されます。

B:不正解です。位置情報ルーティングポリシーは、アプリケーションユーザーの位置情報に基づいてトラフィックをルーティングする目的で使用されます。

C:不正解です。複数値回答ルーティングポリシーを使用した場合、Route 53は、無作為に選択された最大8個の正常レコードを使用してDNSクエリに応答します。

D:正解です。加重ルーティングを使用した場合、ユーザーは複数のリソースを1個のドメイン名(例:example.com)または1個のサブドメイン名(例:hoge.example.com)に関連付け、各リソースにルーティングするトラフィック量を決めることができます。この機能は、負荷分散やソフトウェアの新バージョンのテストなど、さまざまな用途に使用できます。

Q21. 正解 B

A:不正解です。ShieldはDDoS攻撃からアプリケーションを保護するサービスです。ディープパケットインスペクションは実行されません。

B:正解です。Network Firewallは、ステートフルとして構成することもステートレスとして構成することもできます。なお、Network FirewallはVPCレベルで動作します。VPCより低いレベルでは動作しません。

C:不正解です。Network Firewallは、サブネットレベルでは動作しません。VPCレベルで動作します。

D:不正解です。Traffic Mirroringは、EC2インスタンスにアタッチされているElastic Network Interfaceから受信トラフィックおよび送信トラフィックをコピーするサービスです。ユーザーは、ミラーリングされているトラフィックを、別のEC2インスタンスのネットワークインターフェイス、またはUDPリスナが設定されたNLBに送信できます。

Q22.正解　D

A：不正解です。レプリカラグは、商品をショッピングカートに追加できるかどうかに影響しません。ショッピングカートへの追加は書き込み処理であるからです。

B：不正解です。レプリカラグは、商品をショッピングカートから削除できるかどうかに影響しません。ショッピングカートからの削除は書き込み処理であるからです。

C：不正解です。アプリケーションでは今までどおりショッピングカートのデータを読み取ることができます。古いデータが取得されるだけです。このラグが原因でアプリケーションエラーが発生することはありません。

D：正解です。リーダーエンドポイントとは、あるAuroraデータベースクラスターに対する使用可能なAuroraレプリカのいずれかに接続するための、そのAuroraデータベースクラスター用のエンドポイントのことです。各Auroraデータベースクラスターにリーダーエンドポイントが1個備わっています。Auroraレプリカが複数存在している場合、リーダーエンドポイントによって、各接続リクエストがいずれかのAuroraレプリカに振り向けられます。

Q23.正解　B、E

A：不正解です。Amazon DLMポリシーを作成するうえで、最小ストレージ容量を5GBにする必要はありません。

B：正解です。Amazon DLMでは、IAMロールを使用して、ユーザーの代わりにEBSスナップショットを管理するために必要な権限を取得します。IAMロールは、Amazon DLM、およびAmazon DLMにアクセスするユーザーにとっての必須条件です。

C：不正解です。Amazon DLMポリシーを作成するうえで、EBSボリュームを暗号化する必要はありません。

D：不正解です。Amazon DLMポリシーを作成するうえで、ベースラインパフォーマンスを3 IOPS/GB以上にする必要はありません。

E：正解です。Amazon DLMでは、Confidentialタグが付けられたボリューム、およびPrivacyタグが付けられたボリュームを特定できます。これらのリソースタグによって、バックアップ対象のボリュームまたはインスタンスが特定されます。ユーザーは、タグ値に基づくターゲットを追加することによって、ライフサイクルポリシーを作成します。

Q24. 正解　D

A：不正解です。仮にすべてのジョブがタイムアウトしたとしても、ログファイルがEventBridge（CloudWatch Events）からデッドレターキューに直接送信されることはありません。タイムアウトしたということは、ジョブは正常に受信されたが、その処理が完了しなかったということです。

B：不正解です。拒否ポリシーを適用した場合、Lambda関数の書き込みタスクは完了しません。ただし、EventBridge（CloudWatch Events）はログファイルをLambdaに送信することはできます。

C：不正解です。イベントバスからデッドレターキューに書き込めるということは、AWS KMS機能に対するアクセス権限が既にイベントバスに割り当てられていることを意味します。

D：正解です。Amazon EventBridge（Amazon CloudWatch Events）には、イベントが受信されなかった場合のための自動再試行機能が備わっています。デフォルトでは、エクスポネンシャルバックオフおよびジッター（ランダム遅延）のアルゴリズムに基づいて、24時間の間、最多で185回、イベント送信が再試行されます。再試行回数が上限値に達してもイベントが配信されなかった場合、そのイベントは削除され、Amazon EventBridge（Amazon CloudWatch Events）ではそのイベントの処理を続行しません。配信されなかったイベントが喪失しないようにするには、デッドレターキューを構成し、すべての配信失敗イベントをデッドレターキューに送信し、後で処理できるようにします。このシナリオでは、イベント配信が失敗しても再試行されず、イベントがデッドレターキューに直接送信されています。このシナリオのようになる可能性があるのは、ターゲットに対するアクセス権限がないためエラーになった場合か、ターゲットリソースがもう存在していない場合です。イベントがデッドレターキューに直接送信される場合、トラブルシューティングにおける第1ステップは、割り当てられているIAMアクセス権限を調べることです。

Q25. 正解 A

A：正解です。ユーザーは、Redis（クラスターモード有効）クラスター（レプリケーショングループ）にシャード（ノードグループ）を追加することにより、読み取りキャパシティおよび書き込みキャパシティを増やすことができます。マルチAZ配置の使用はAWS Well-Architectedフレームワークのベストプラクティスですが、全体的なパフォーマンスの向上にはつながりません。

B：不正解です。このソリューションでは、読み取り速度は向上しません。アプリケーションがAmazon S3にアクセスする速度は、ElastiCache for Redisにアクセスする速度より遅いからです。

C：不正解です。2つ目のクラスターを起動した場合、読み取り速度を向上させるには、アプリケーションを修正する必要があります。また、マルチAZ配置のElastiCache for Redisを使用した場合、可用性は向上しますが、パフォーマンスは向上しません。

D：不正解です。マルチAZ配置のAmazon RDSを使用した場合、可用性は向上しますが、パフォーマンスは向上しません。

Q26. 正解 D

A：不正解です。踏み台ホストは、インターネットなどの外部ネットワークからプライベートネットワークにアクセスできるようにするためのサーバーです。

B：不正解です。NATゲートウェイは、VPC内のプライベートサブネット内のインスタンスからインターネットに接続する際に使用できます。

C：不正解です。このシナリオでは、Amazon S3経由でリソースにアクセスする必要はありません。したがって、AmazonS3用VPCエンドポイント経由の接続は必要ありません。また、Amazon S3用VPCゲートウェイエンドポイントは、Amazon DynamoDBやAWS KMSなど他のサービスでの用途に対応していません。

D：正解です。インターネット経由ではなく、VPC内のプライベートエンドポイント経由でAWS KMSに接続できます。VPCエンドポイントを使用する場合、VPCとAWS KMS の間の通信はすべてAWSネットワーク内で行われます。

Q27. 正解 B

A：不正解です。AWS Backupでは、Amazon S3をレプリケート先として使用することはできますが、レプリケート元として使用することはできません。

B：正解です。S3 リージョン間レプリケーションは、S3バケット内のデータを複製するためのシンプルな方法です。このシナリオでは、S3 Glacier Deep Archiveストレージクラスとus-east-1 リージョンは、コストが最も低くなる組み合わせです。

C：不正解です。S3 Intelligent-Tieringストレージクラス内のオブジェクトを最終的にS3 Glacier Deep Archiveに移動することができます。ただし、すぐに移動されるわけではありません。したがって、このソリューションではコストを最小限に抑えることはできません。

D：不正解です。AWS Backupでは、Amazon S3をレプリケート先として使用することはできますが、レプリケート元として使用することはできません。

Q28. 正解　C

A：不正解です。コスト配分タグは有効/無効のいずれかです。既に有効化されているタグを再度有効化することはできません。

B：不正解です。Cost Explorerはグローバルで使用可能なサービスであり、どのリージョンからでもアクセスできます。

C：正解です。使用されているタグキーがコスト配分タグとして有効化されていたとしても、S3オブジェクトに対しては、タグに基づいてコストを追跡する機能がサポートされていません。ただし、インベントリ目的でS3オブジェクトにタグを付けることはできます。

D：不正解です。S3オブジェクトに対して、他のリソースタイプと同じタグキーを共用できます。タグキー名はこの問題の要因ではありません。

Q29. 正解　C

A：不正解です。Lambda関数を使用すれば、Amazon EC2からのイベントトリガに基づいて各インスタンスの停止を行えます。しかし、この方法はより複雑で、Lambda関数を個々のAWSアカウント上で実行する必要があります。最適解ではありません。

B：不正解です。required-tagsを使用したAWS Configルールにて、リソースに付けられている特定のタグを監視できます。ただし、Lambda関数を作成する必要があります。また、この解決策ではLambda関数を個々のAWSアカウント上で実行する必要があります。最適解ではありません。

C：正解です。SCPを使用すれば、特定のAWSリソースに対するタグ付けをアカウントレベルで義務付けることができます。
ユーザーは、組織単位（OU）にアタッチされたSCPを使用することにより、そのOUに属するすべてのアカウントにおいて、特定のタグが付けられていないAWSリソースの作成を防ぐことができます。

D：不正解です。リソースに付けられているタグを監視するためのカスタムメトリクスを構成するという方法は、大変手間のかかる解決策です。また、このカスタムメトリクスの構成を個々のAWSアカウント上で実行する必要があります。最適解ではありません。

INDEX 索引

な行／ナ行

は行／ハ行

ま行／マ行

や行／ヤ行

ら行／ラ行

アルファベット

■著者プロフィール

海老原　寛之（えびはら　ひろゆき）

トレノケート株式会社勤務。AWS認定インストラクター。AWS Authorized Instructor Award 2021 Best Numbers for Class Delivery and Students Trained受賞。
著書：『AWS認定資格試験テキスト AWS認定 クラウドプラクティショナー』（SBクリエイティブ）

■技術校閲者

雲村　京裕（くもむら　きょうすけ）

日本の伝統的システムインテグレーターにて、日々グループ会社に向けたAWS利用推進活動を行っている。
全てのAWS認定資格を取得し、APN AWS ALL Certifications Engineer受賞。

柳井　金魚（やない　きんぎょ）

国内大手ベンダにてAWSの素晴らしさ、感動を熱く語り続ける伝道師。好きなビールは麒麟麦酒、好きな刺身は鰺。
AWS Certified SysOps Administrator - Associateを始め全てのロールベースAWS認定資格を所有、スペシャリティ資格も含む各種クラウド資格を多数取得。

ポケットスタディ
AWS認定
SysOps アドミニストレーター
アソシエイト

発行日　2023年1月1日　　第1版第1刷

著　者　海老原　寛之

発行者　斉藤　和邦
発行所　株式会社　秀和システム
〒135-0016
東京都江東区東陽2-4-2　新宮ビル2F
Tel 03-6264-3105（販売）Fax 03-6264-3094
印刷所　日経印刷株式会社　　Printed in Japan

ISBN978-4-7980-6531-1 C3055

定価はカバーに表示してあります。
乱丁本・落丁本はお取りかえいたします。
本書に関するご質問については、ご質問の内容と住所、氏名、電話番号を明記のうえ、当社編集部宛FAXまたは書面にてお送りください。お電話によるご質問は受け付けておりませんのであらかじめご了承ください。